Jüri Eintalu

Funkcja użytkowa u = x/(x + 1)

AF523134

Jüri Eintalu

Funkcja użytkowa u = x/(x + 1)

Stopniowo od Daniela Bernoulli'ego do stałej awersji do ryzyka

Wydawnictwo Bezkresy Wiedzy

Cover image: www.ingimage.com

This book is a translation from the original published under ISBN 978-620-0-30723-1.

Publisher:
Wydawnictwo Bezkresy Wiedzy
is a trademark of
Dodo Books Indian Ocean Ltd., member of the OmniScriptum S.R.L Publishing group
str. A.Russo 15, of. 61, Chisinau-2068, Republic of Moldova Europe
Printed at: see last page
ISBN: 978-620-0-81454-8

PREFACE

Ta książka jest szkicem. Nigdy nie został ukończony. Przedstawiam moje prowizoryczne wyliczenia i przemyślenia, tak jak je napisałem w 2012 roku.

Załóżmy, że x to kwota, którą się ma (długi zostały odjęte). Załóżmy też, że zawsze $x \geqslant 0$. Jest to powszechne, ale mocne założenie, które wykorzystamy. Załóżmy, że czyjeś zachowanie można scharakteryzować nie jako maksymalizację pieniądza, ale jako maksymalizację "wartości" pieniądza - użyteczności $u(x)$. Załóżmy, że poniższy wzór opisuje funkcję użytkową:

$$u(x) = \frac{x}{x+a},$$

gdzie $a > 0$ jest stała. Jeśli chcesz wybrać a jako jednostka pieniędzy, ta funkcja staje się prostsza:

$$u(x) = \frac{x}{x+1}.$$

Odwrotna funkcja tego narzędzia jest również matematycznie prosta:

$$x(u) = \frac{u}{1-u}.$$

Przypuśćmy, że rozważa się przygodę z równym prawdopodobieństwem wygranej i przegranej: $p = \frac{1}{2}$ podczas gdy kwota pieniędzy do wygrania lub przegranej jest równa $\Delta x \geqslant 0$. Na przykład, uważa się, że inwestycja równa się Δx podczas gdy istnieją równe szanse na utratę tej inwestycji lub na wygranie zainwestowanej kwoty. W sensie pieniężnym jest to uczciwy zakład: oczekiwany wynik jest równy wartości aktywów początkowych. W związku z tym, w sensie pieniężnym, należy być obojętnym pomiędzy przyjęciem lub odrzuceniem zakładu.

Jednak oczekiwana użyteczność zakładu jest mniejsza niż użyteczność początkowych aktywów:

$$\langle u \rangle = \frac{1}{2} \times [u(x + \Delta x) + u(x\text{-}\Delta x)] \leqslant u(x).$$

Dlatego dąży się do unikania uczciwych zakładów pieniężnych. Efekt ten znany jest jako *awersja do ryzyka*. Uzyskanie takiego wyniku jest istotą teorii użyteczności.

W przypadku naszej funkcji użytkowej, otrzymujemy następujący wzór:

$$\langle u \rangle = \frac{x \times (x+1)-(\Delta x)^2}{(x+1+\Delta x) \times (x+1-\Delta x)} .$$

Używając odwrotnej funkcji funkcji użyteczności, możemy obliczyć, że ta oczekiwana użyteczność zakładu odpowiada następującej wartości pieniężnej:

$$x(\langle u \rangle) = \frac{\langle u \rangle}{1-\langle u \rangle} = x- \frac{(\Delta x)^2}{x+1} .$$

Dlatego też osoba podejmująca decyzję zachowuje się tak, jakby spodziewana wartość pieniężna zakładu była niższa od wartości aktywów początkowych. x . Jak duża jest różnica monetarna?

Dochodzimy do prostej formuły:

$$x-x(\langle u \rangle) = \frac{(\Delta x)^2}{x+1} .$$

Jest to dodatkowa kwota, której można zażądać, aby przyjąć zakład. Ta ilość może być nazywana *miarą awersji do ryzyka*. W popularnych modelach, ilość ta jest zazwyczaj dodatnia.

Jednak to, do czego doszliśmy, to bardzo prosty wzór matematyczny, który zapewnia nam *malejącą awersję do ryzyka*: większe są nasze początkowe aktywa. xniż słabsza jest niechęć do przyjęcia danego zakładu. Ta cecha może być wykorzystana do wyjaśnienia możliwości wzajemnego umawiania się umów ubezpieczeniowych, do dokonania pewnych obliczeń w teorii portfela, *itp.*

Prawdopodobnie nie można *a priori* uzasadnić użycia tej czy innej konkretnej funkcji użytkowej. Zadaniem teoretyków jest jednak znalezienie kilku prostych modeli - takich jak model wahadła w mechanice - oraz zbadanie cech matematycznych i implikacji takich modeli. Niniejsze badanie jest próbą dokonania tego.

W rozdziale 11.1, jako ciekawy wynik uboczny, pokażemy, że niektóre formuły Specjalnej Teorii Względności Einsteina mogą być interpretowane jako funkcje użytkowe.

W dochodzeniach zawsze ujawniają się jakieś nieoczekiwane relacje.

Jeśli n jest liczbą całkowitą, $n \geqslant 0$ następnie sekwencja

$$u(n) = \frac{n}{n+1}$$

może być używany jako zeno-sekwencja. To rzuca nowe światło na klasyczny paradoks Zeno "Dychotomia" i dostarcza nam nowych, niesamowitych przykładów tego paradoksu. Zostało to przedstawione w moim krótkim artykule "Nowy Paradoks Zenona", zaprezentowanym na *XI Dorocznej Estońskiej Konferencji Filozoficznej* w 2015 roku.[1]

Przez wiele lat pracowałam w EBS (Estońska Szkoła Biznesu), prowadząc wykłady z filozofii i etyki. To ekonomista Hardo Pajula, który zaprosił mnie do studiowania teorii decyzji i teorii gier. Mając doświadczenie w matematyce i fizyce teoretycznej, zacząłem prowadzić wykłady z teorii gier i teorii decyzji z zastosowaniem do ekonomii.

W odpowiednich podręcznikach dotyczących teorii podejmowania decyzji powiedziano, że nie są znane żadne proste funkcje użytkowe o zmniejszającej się awersji do ryzyka. Jednak znalezienie jej zajęło mi tylko dwa tygodnie!

Później okazało się, że moja funkcja użytkowa była szczególnym przypadkiem niektórych funkcji użytkowych omawianych w niektórych pracach naukowych. Różni autorzy piszą w różnych paradygmatach, trudno jest porównać ich studia. Prawdopodobnie prawie niemożliwe jest znalezienie "prawdziwego autora" badanej tu funkcji użytkowej. I nie jest to aż tak ważne.

Niestety, kiedy ukończyłem swój projekt, żaden ekonomista z EBS ani Politechniki Tallińskiej nie udzielił mi żadnej informacji zwrotnej. To samo dotyczy tych matematyków estońskich, z którymi się skontaktowałem. Nie otrzymałem absolutnie żadnych komentarzy. Zostałem całkowicie zignorowany. Nie otrzymałem też żadnego znaczącego wsparcia finansowego na zakup lub skopiowanie bossa *itp.*

W związku z tym nie będą miały miejsca żadne zwyczajowe akademickie podziękowania.

Jestem jednak wdzięczny tym bardzo nielicznym naukowcom, którzy uczciwie odpowiedzieli, że są niekompetentni, by cokolwiek powiedzieć, a także Wydawnictwu Naukowemu Lambert za przypomnienie mi, że nadal można opublikować swoje studia.

Jüri Eintalu Tallinn, 01. września 2019 r.

---

1. 1 Eintalu, J. (2015) "Uus Zenoni paradoks" [= "New Zeno's Paradox"] *Eesti Filosoofia Aastakonverents XI*, 08. - 09. mai, Tallinna Ülikool.

SPIS TREŚCI

ABSTRACT

Niniejsze opracowanie dotyczy miejsca, niepowtarzalności i cech funkcji użytkowej.

$$u(x) = \frac{x}{x+1}.$$

Funkcja ta jest prosta i może być przybliżona jako ciąg proporcji dwóch kolejnych nieujemnych liczb całkowitych.

Funkcja ta jest unikalna na różne sposoby. Jest to jedyne narzędzie z premią za prawdopodobieństwo jako liniową funkcją stawki w grze.

Funkcja ta ma symetrycznie centralną pozycję w klasie funkcji, ostatnio nazywanej Pareto utilities. Narzędzia te charakteryzują się coraz mniejszą marginalną użytecznością i coraz mniejszą awersją do ryzyka, ograniczając się do zera. Jako dolna granica, w pewnym sensie, funkcje te są zbliżone do logarytmicznej użyteczności Bernoulliego i mogą być uważane za jej uogólnienie. Jako górna granica pojawia się narzędzie o stałej awersji do ryzyka.

Drugi najprostszy przykład dostarcza nam pojęcia użyteczności energii relatywistycznej.

1. Wprowadzenie

Początkową motywacją niniejszego badania było znalezienie matematycznie prostej funkcji użytkowej o malejącej marginalnej użyteczności i malejącej awersji do ryzyka, ograniczającej się do zera. Zazwyczaj teksty dotyczące teorii decyzji przedstawiają funkcję użytkową ze stałą awersją do ryzyka.

$$u(x) = 1 - \frac{1}{e^{\alpha x}} \qquad \alpha > 0 \; x \geqslant 0 \qquad (1.1)$$

Powyżej, *x* może być kwotą pieniędzy (aktywów), a *u(x)* ich wartością moralną.

Jednak teksty te rzadko przedstawiają wyraźne formuły funkcji użytkowych o malejącej awersji do ryzyka - a jeszcze rzadziej, jeśli ta awersja do ryzyka ogranicza się do zera, jeśli *x zbliża* się do nieskończoności. Co więcej, prezentowane funkcje są zazwyczaj niepotrzebnie skomplikowane.[2]

Udało nam się znaleźć bardzo prostą funkcję użytkową o zmniejszającej się użyteczności marginalnej i o zmniejszającej się awersji do ryzyka, ograniczającą się do zera:

$$u(x) = \frac{x}{x+b} \qquad b > 0 \qquad (1.2)$$

Zauważ, że jeżeli *x* jest liczbą całkowitą nieujemną, a *b = 1*, to *u(x)* jest stosunkiem dwóch kolejnych liczb całkowitych.[3]

Nasze próby rzucenia światła na naturę funkcji (1.2) doprowadziły nas do wniosku, że funkcja ta jest w pewnym sensie uogólnieniem logarytmicznej funkcji użytkowej Daniela Bernoullego

$$u(x) = c \cdot \ln\left(\frac{x}{b}\right) \qquad c > 0 \; b > 0 \qquad (1.3)$$

2 Przynajmniej taki jest obrazek z podręcznikami teorii decyzji do dnia dzisiejszego.

3 Od 2010 roku funkcja ta (1.2) jest wykorzystywana w naszych wykładach i notatkach z wykładów na temat teorii decyzji. Funkcjonuje ona zadziwiająco dobrze zarówno w zastosowaniach koncepcyjnych, jak i ekonomicznych - jak w przypadku ubezpieczeń.

Funkcja (1.2) należy do kontinuum funkcji użytkowych, których dolna granica, w sensie kwalifikowanym, jest logarytmiczną funkcją użytkową, natomiast górna granica jest funkcją o stałej awersji do ryzyka (1.1).[4]

Co zaskakujące, drugi najprostszy przykład takich funkcji użytkowych prowadzi nas do pojęcia "użyteczności energetycznej" dla Specjalnej Teorii Względności:

$$u(E) = \left(\frac{v}{c}\right)^2 = 1 - \left(\frac{E_0}{E}\right)^2 \qquad (1.4)$$

Powyżej, *c* jest prędkością światła, *v* jest prędkością cząstki, *E* jest relatywistyczną energią tej cząstki, a indeks *0* oznacza cząstkę w spoczynku.[5]

Daniel Bernoulli (Bernoulli 1738) przedstawił w 1738 r. swoją logarytmiczną funkcję użytkową (1.3). Leonard Jimmie Savage (1917-1971) opublikował w 1954 roku swoją wpływową książkę *"The Foundations of Statistics"*. Jej poprawione i powiększone wydanie z 1972 r. w następujący sposób komentuje użyteczność Bernoullego (Savage 1972: 94):

> Do dnia dzisiejszego nie zaproponowano żadnej innej funkcji jako lepszego prototypu dla funkcji użytkowej Everymana.

Logarytmiczna funkcja użytkowa Bernoulliego jest jednak bez dolnych i górnych granic - podczas gdy obecnie funkcja $u(x) = x/(x + b)$ jest obecna.

4 Ostatnio grupa matematyków (Ikefuji *i in.* 2012) wydedukowała tę klasę użyteczności publicznej w innym kontekście.

5 W niniejszym badaniu nie podjęto żadnych prób nakreślenia istotnych podobieństw między fizyką a ekonomią (próby takie były omawiane *np.* w Mirowskim 1999). Niniejsze opracowanie ma charakter matematyczny. Uważamy jednak za obowiązkowe odwoływanie się do pewnych wyraźnych podobieństw.

2. Ulepszone narzędzie logarytmiczne Bernoullego

W swoim wpływowym artykule Bernoulli 1738 (używamy angielskiego tłumaczenia Bernoulli 1954), Daniel Bernoulli wprowadził pojęcie "wartości moralnej" pieniądza - użyteczności pieniądza[6]. Bernoulli (1954: 24):

> ...określenie *wartości* przedmiotu nie może opierać się na jego *cenie,* ale raczej na *narzędziu,* które daje.

Pierwszą fundamentalną ideą Bernoulliego jest to, że opieramy się i powinniśmy opierać nasze decyzje nie na oczekiwanej wypłacie pieniężnej, ale na "moralnym oczekiwaniu" lub "średniej użyteczności[7]" - powinniśmy *maksymalizować oczekiwaną użyteczność* pieniądza. Bernoulli (1954: 24):

> *...zostanie uzyskana średnia użyteczność [moralne oczekiwanie]...*

Obecnie to założenie Bernoulliego wyraża się zazwyczaj w następujący sposób. Załóżmy, że decyzja *d* daje możliwe wyniki pieniężne (tj. wynikowe wartości aktywów) x_i z odpowiednimi prawdopodobieństwami p_i ,

$$p_i \geqslant 0 \textstyle\sum_i p_i = 1 \qquad \textit{rozkład prawdopodobieństwa} \qquad (2.1)$$

Oczekiwania pieniężne związane z decyzją *d* można wyrazić w następujący sposób:

$$v(d) = \textstyle\sum_i p_i \cdot x_i \qquad \textit{przewidywana wartość pieniężna} \qquad (2.2)$$

Jeśli *u(x)* jest niezmniejszającą się funkcją użytkową pieniądza, to użyteczność decyzji *d równa się* oczekiwaniom użyteczności wyników pieniężnych:

$$u(d) = \textstyle\sum_i p_i \cdot u(x_i) \textit{ oczekiwany użytek} \qquad (2.3)$$

6Priorytet chronologiczny pojęcia użyteczności należy do Gabriela Cramera co najmniej od 1728 roku. W historii tego wynalazku pojawiają się następujące nazwy: Nicolas Bernoulli, Pierre Montmort i Gabriel Cramer. - Patrz §17 i §19 Bernoullego z 1954 r. Komentarze, patrz *np.* (Savage 1972: 91-5).

7 Po łacinie: *emolumentum medium.*

Bernoulli odrzuca tradycyjny pogląd, że racjonalny decydent powinien podjąć taką decyzję *d*, która ma maksymalną oczekiwaną wartość pieniężną (2.2). Zdaniem Bernoulliego racjonalny decydent powinien podjąć taką decyzję, która ma maksymalną oczekiwaną wartość pieniężną (2.3).

Drugą fundamentalną ideą Bernoulliego jest to, że bogatszy człowiek jest, niż mniejsze są jego zyski w użytkowaniu z tej samej ilości dodatkowych pieniędzy. Bernoulli: (1954: 24):

> Nie ma więc wątpliwości, że zysk w wysokości tysiąca dukatów jest bardziej znaczący
> dla biedaka niż dla bogacza, choć oboje zyskują tyle samo.

Tak więc, jeśli x jest początkowym bogactwem jednostki, $u(x)$ jest jej rosnącą funkcją użytkową, Δx jest dodatkową uzyskaną kwotą pieniędzy, a Δu jest odpowiednim wzrostem użyteczności, wtedy

$$\Delta u(x ; \Delta x) = u(x + \Delta x) - u(x) \qquad (2.4)$$

Według Bernoullego, Δu powinno się zmniejszyć, jeśli *x wzrośnie*. Technicznie:

$$\frac{\partial}{\partial x} \Delta u < 0 \qquad (2.5)$$

Tradycyjnie Δu nazywane jest *użytecznością marginalną* (w przypadku $\Delta x = 1$) i mówimy, że Bernoulli przedstawił postulat *zmniejszania się użyteczności marginalnej.*

Technicznym osiągnięciem Bernoullego było założenie, że *marginalna użyteczność jest odwrotnie proporcjonalna do bogactwa*[8] *jednostki.* Bernoulli (1954: 25):

> ...jest wysoce prawdopodobne, że *każdy wzrost bogactwa, nieważne jak nieznaczny,*

8 Bernoulli pamięta o posiadaniu i zdolnościach produkcyjnych, które można mierzyć w kategoriach pieniężnych.

zawsze będzie skutkować wzrostem użyteczności, który jest odwrotnie proporcjonalny do ilości towaru już posiadanego.

Tak więc, dochodzimy do równania różniczkowego

$$du = c\frac{dx}{x} \qquad c > 0 \qquad (2.6)$$

co prowadzi nas do logarytmicznej funkcji użytkowej Bernoullego

$$u(x) = c \cdot ln\left(\frac{x}{x_0}\right) \qquad \textit{Narzędzie Bernoullego} \qquad (2.7)$$

$$c>0 \quad x_0 > 0$$

Na górze, x_0 jest bogactwem odpowiadającym użyteczności zera.

Niestety, funkcja (2.7) nie posiada dolnej i górnej granicy, co stwarza poważne przeszkody. W (2.7) moglibyśmy zastąpić $x = x' + b$, aby uzyskać ulepszoną użyteczność Bernoullego:

$$u(x) = c \cdot ln\left(\frac{x}{b} + 1\right) \qquad \textit{udoskonalony Narzędzie Bernoullego} \qquad (2.8)$$

$$c>0 \qquad b>0$$

Teraz, $x = 0$ jest bogactwem odpowiadającym użyteczności zera. I zamiast wzoru (2.6), krańcowa użyteczność jest teraz przedstawiona jako

$$du = \frac{c}{x+b} \cdot dx \qquad c > 0 \qquad b > 0 \qquad (2.9)$$

Zauważ, że jest to nasz pierwszy krok na drodze do uogólnienia funkcji użytkowych Bernoullego.

Funkcja (2.8) jest jednak nadal bez górnej granicy.

W przypadku $c = 1$ i $b = 1$ ulepszona funkcja użytkowa Bernoullego (2.8) jest przedstawiona na rysunku 1 poniżej.

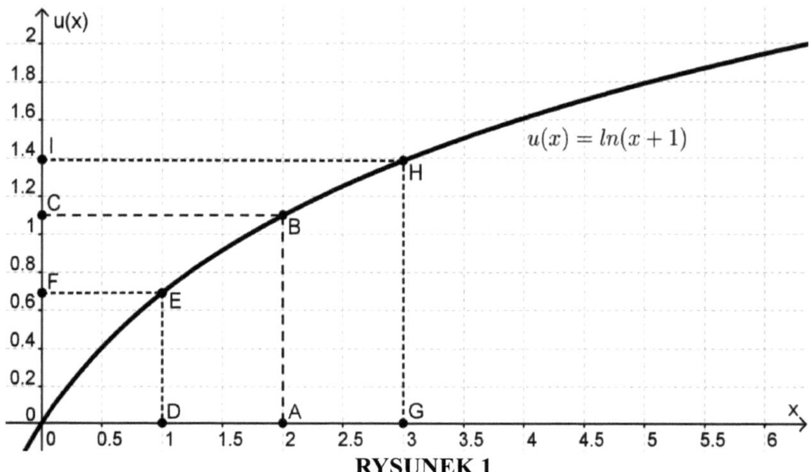

RYSUNEK 1

Logarytmiczna funkcja użytkowa

3. Awersja do ryzyka, Premia za Prawdopodobieństwo i Miara Strzałki

Trzecią podstawową ideą Bernoullego - i prawdopodobnie motywującą - jest idea *niechęci do ryzyka.*

Według Bernoulliego, względy użytkowe mogą prowadzić do odrzucenia hazardu lub loterii, które są uczciwe pod względem pieniężnym lub nawet dochodowe. Bernoulli (1954: 24):

> W jakiś sposób bardzo biedny facet otrzymuje los na loterię, który odda z równą prawdopodobieństwo, że nic albo dwadzieścia tysięcy dukatów. (...) Czy nie byłby nierozsądny żeby sprzedać ten los na loterię za dziewięć tysięcy dukatów? Dla mnie wygląda na to, że odpowiedź brzmi w negatywie.

Należy pamiętać, że zgodnie z oczekiwaniami finansowymi loterii uczciwa cena biletu wynosiłaby *10 000* dukatów. Bernoulli (1954: 29):

> ... w wielu grach, nawet tych absolutnie uczciwych, obaj gracze mogą spodziewać się przegranej; w istocie jest to napomnienie Natury, aby całkowicie unikać kostek.

Istnieje perspektywa interpretacji Bernoulliego jako wprowadzenia aksjomatu zmniejszania się użyteczności marginalnej w celu wyjaśnienia efektu awersji do ryzyka. Bernoulli zakłada istnienie awersji do ryzyka w przypadku paradoksu, który uważa, później nazwanego Paradoksem petersburskim.[9] W tym paradoksie oczekiwanie wygranej na loterii jest nieskończone i wydaje się, że w związku z tym osoba fizyczna powinna być skłonna zapłacić dowolną kwotę pieniędzy, aby zdobyć los na loterii. Bernoulli uważa ten wniosek za kontr-intuicyjny, polegający na przyjęciu awersji do ryzyka.

Tak więc, niech x będzie bogactwem jednostki, a $u(x)$ jej użytecznością. Niech $\rho(x)$ będzie marginalną użytecznością:

---

9 W odniesieniu do tego paradoksu Daniel Bernoulli (1954: 31) odwołuje się do swojego kuzyna Nicolasa Bernoullego, który przedstawił ten problem Pierre'owi Montmortowi, który opublikował go w 1713 roku. O paradoksie petersburskim, zob. też *np.* (Parmigiani i Inoue 2009: 34-7).

$$\rho(x) = \frac{d}{dx}u(x) = u'(x) \qquad \textit{marginalny użytek} \qquad (3.1)$$

Założenie zmniejszania się użyteczności krańcowej jest równoznaczne z założeniem

$$\frac{d}{dx}\rho(x) = u''(x) < 0 \qquad \textit{zmniejszający się marginalny użytek} \qquad (3.2)$$

Jest to więc równoważne z założeniem, że funkcja *u(x)* jest wklęsła (patrz rysunek 1 powyżej).

Załóżmy, że osoba z początkowym bogactwem *x* rozważa, czy zaakceptować prosty hazard z prawdopodobieństwem wygranej *p = 0,5*, a z zyskiem i stratą obie równe Δx (zakładamy, że Δx ⩽ x):

$$p = 1/2 \qquad (+/-)\,\Delta x \qquad \textit{uczciwy hazard} \qquad (3.3)$$

Pieniężne oczekiwania co do tej gry są równe początkowemu bogactwu:

$$\frac{1}{2}\cdot(x+\Delta x) + \frac{1}{2}\cdot(x-\Delta x) = x \qquad (3.4)$$

Tak więc, jeśli chodzi o pieniądze, to gra jest uczciwa i jednostka powinna być obojętna na to, czy ją akceptuje, czy odrzuca.

Jednak z punktu widzenia użyteczności gospodarczej straty są większe niż zyski:

$$u(x) - u(x-\Delta x) > u(x+\Delta x) - u(x) \qquad (3.5)$$

Jest to natychmiastowa konsekwencja założenia, że funkcja *u(x)* jest wklęsła. Na rysunku 1 powyżej, wybraliśmy *x = 2* (punkt *A*) i Δx = *1* (patrz segmenty *AD* i *AG*). Można wizualnie sprawdzić, czy odpowiadające im segmenty użytkowe spełniają warunek nierówności *CF > CI* .

Istnieją różne sposoby mierzenia awersji do ryzyka. Można na przykład zapytać, ile powinien być większy zysk (w warunkach *ceteris paribus*), aby gra była akceptowalna z punktu widzenia użyteczności [10]. Często jednak stosuje się *premię za prawdopodobieństwo* - zadaje się pytanie, o ile prawdopodobieństwo wygranej powinno być większe, aby gra była akceptowalna.[11]

Jako miara awersji do ryzyka w niniejszym badaniu stosowana jest jedynie premia za prawdopodobieństwo.

Premię za prawdopodobieństwo definiujemy w następujący sposób:

$$\Delta p = p_u - p \quad \textit{premia za prawdopodobieństwo} \tag{3.6}$$

Powyżej, *p* jest prawdopodobieństwem wygranej w uczciwej grze pieniężnej; oraz p_u w odpowiednim hazardzie, uczciwy z punktu widzenia użyteczności - podczas gdy zyski i straty pieniężne są takie same w obu grach.

Postulat awersji do ryzyka Bernoullego można wyrazić w następujący sposób:

$$\Delta p > 0 \quad \textit{awersja do ryzyka} \tag{3.7}$$

W naszym prostym przypadku specjalnym (3.3) o wartości $p = 1/2$ *otrzymujemy* wzór

$$p_u = \frac{u(x) - u(x - \Delta x)}{u(x + \Delta x) - u(x - \Delta x)} \tag{3.8}$$

Na rysunku 1 powyżej, odpowiada on proporcji dwóch segmentów: p_u =CF/JEŻELI .

Teraz, wzory (3.6) i (3.8) prowadzą nas do następującego, łatwo zrozumiałego wzoru:

$$\Delta p = \frac{u(x) - \frac{u(x+\Delta x) + u(x-\Delta x)}{2}}{u(x+\Delta x) - u(x-\Delta x)} \quad \textit{premia za prawdopodobieństwo} \quad (3,9)$$

Jeśli zakład Δx jest mały, to premia za prawdopodobieństwo (3.9) może być

10 Bernoulli (1954: 29) oblicza zadowalającą stawkę w grze i decyduje, że powinna ona być mniejsza.

11 Pratt 1964 wykorzystuje następujące miary awersji do ryzyka: składkę na *ryzyko*, składkę *ubezpieczeniową* i *składkę prawdopodobną*. *Pratt*'s (1964: 126) składka z prawdopodobieństwem jest definiowana jako dwukrotnie większa od naszej.

przybliżona w następujący sposób:

$$\Delta p \approx \left[\frac{\partial(\Delta p)}{\partial(\Delta x)} (\Delta x = 0) \right] \cdot \Delta x \qquad (3.10)$$

Dlatego też składki o małym prawdopodobieństwie (3,9) można oszacować w następujący sposób[12]:

$$\Delta p \approx \frac{\lambda(x)}{4} \cdot \Delta x \qquad \textit{mała stawka } \Delta x \qquad (3.11)$$

gdzie

$$\lambda(x) = (-1) \frac{u''(x)}{u'(x)} \qquad \textit{wskaźnik awersji do ryzyka} \qquad (3.12)$$

Funkcja *λ(x)* służy jako wskaźnik awersji do ryzyka. Jest ona znana (zob. *np.* (Parmigiani i Inoue 2009: 60-3)) jako *miara awersji do ryzyka typu* Arrow-Pratt.[13]

Istnieje dodatnia lokalna awersja do ryzyka (premia za prawdopodobieństwo (3.11) jest dodatnia), jeżeli λ jest większa od zera:

$$\lambda(x) > 0 \qquad \textit{awersja do ryzyka} \qquad (3.13)$$

Pratt (1964: 127-9) potwierdza twierdzenie, łączące lokalną i globalną awersję do ryzyka. Wynika z tego między innymi, że jeśli $\lambda_1(x) > \lambda_2(x)$ za każde x , to $\Delta p_1(x; \Delta x) > \Delta p_2(x; \Delta x)$ dla każdego x i dla każdego $\Delta x > 0$ (założyliśmy przypadek (3.3), co doprowadziło do wzoru (3.9)).

W niniejszym opracowaniu nie badamy twierdzeń Pratta (1964) i skomplikowanych dowodów oraz następującego po nich omówienia w literaturze. Pozostajemy zadowoleni z faktu, że funkcja λ*(x)* (3.12) służy jako *wskaźnik* lub *objaw* globalnej

12 Wykorzystaliśmy serię Taylor.

13 Funkcja (3.12) została opublikowana i poddana obszernej analizie przez Johna Pratta (1964). Pratt (1964: 125) odwołuje się jednak do wkładu wcześniejszych autorów: "Znaczenie funkcji *r(x)* zostało odkryte niezależnie przez Kennetha J. Arrow i Roberta Schlaifera, w różnych kontekstach". Pratt nazywa tę funkcję (3.12) *miarą awersji do ryzyka lokalnego*, *awersji do ryzyka lokalnego* oraz *funkcją awersji do ryzyka lokalnego.*

awersji do ryzyka.

Jeżeli $\lambda(x)$ *zmniejsza* się, wówczas lokalna awersja do ryzyka zmniejsza się (tzn. premia z tytułu prawdopodobieństwa (3.11) zmniejsza się w x) :

$$\frac{d}{dx}\lambda(x) < 0 \quad \textit{malejąca awersja do ryzyka} \qquad (3.14)$$

Pratt (1964: 130-1) potwierdza twierdzenie, łączące malejące lokalne i globalne awersje do ryzyka. Wynika z tego między innymi, że wskaźnik $\lambda(x)$ jest (ściśle) malejący dla każdego x MFF (tj. IF i tylko IF) premii za prawdopodobieństwo. $\Delta p(x;\Delta x)$ zmniejsza się (ściśle) w x na każde x i na każde $\Delta x > 0$ (ponownie przyjęliśmy przypadek (3.3), co doprowadziło do wzoru (3.9)).

Wygodnie jest używać następującego wzoru (patrz również (Pratt 1964: 125))[14]:

$$\lambda(x) = (-1)\frac{d}{dx}\ln[\rho(x)] \qquad (3.15)$$

Udało nam się również trafić na następującą formułę, którą uważamy za oświetlającą. Jeżeli użyć odwrotnej funkcji użyteczności $x(u)$ i przedstawić krańcową użyteczność $\rho(x)$ jako funkcję użyteczności $\rho[x(u)]$, to

$$\lambda(u) = (-1)\frac{d}{du}\rho(u) \qquad (3.16)$$

14 Użyteczność krańcowa ρ została zdefiniowana w (3.1) powyżej.

4. Awersja do zmniejszania ryzyka, ograniczenie do zera

Czwartym podstawowym założeniem Bernoulliego jest *zmniejszenie awersji do ryzyka.*

W odniesieniu do wyżej wymienionej pieniężnej uczciwej gry z prawdopodobieństwem wygranej
$p = 1/2$ i równe zyski i straty $(+/-)\Delta x$, gdzie Δx = *10 000 dukatów*, a perspektywa sprzedaży jego biletu (spodziewana wartość *10 000* dukatów) za *9 000* dukatów, Bernoulli zasugerował, że biedny człowiek powinien sprzedać swój bilet. Jednak kontynuował (Bernoulli 1954: 24):

> Z drugiej strony, jestem skłonny uwierzyć, że bogaty człowiek byłby nierozsądny do odmówić zakupu losu na loterię za dziewięć tysięcy dukatów.

W §15 Bernoulli zastosował ten pomysł w celu wyjaśnienia ubezpieczenia. Bernoulli (1954: 30):

> Jeśli... jego majątek jest mniejszy niż ta kwota, powinien ubezpieczyć swój ładunek.
>
> Człowiek mniej zamożny niż to byłoby głupie, aby zapewnić poręczenie, ale to ma sens dla bogatszego człowieka, aby to zrobić. Z tego jasno wynika, że wprowadzenie tego rodzaju ubezpieczenia jest tak użyteczne, ponieważ oferuje korzyści dla wszystkich zainteresowanych osób.

Bernoulli zakłada więc, że awersja do ryzyka powinna się zmniejszyć, jeśli początkowe bogactwo wzrośnie:

$$\frac{\partial}{\partial x}\Delta p<0 \qquad \textit{malejąca awersja do ryzyka} \qquad (4.1)$$

Należy zauważyć, że w przypadku małej Δx nierówność (4.1) jest następstwem stanu (3.14).

Należy zauważyć, że postulaty dotyczące zmniejszania się użyteczności marginalnej i zmniejszania się awersji do ryzyka są niezależne.[15] Zmniejszanie się użyteczności krańcowej oznacza efekt awersji do ryzyka. Nie oznacza to jednak jeszcze, że awersja do ryzyka zmniejsza się w x .

Aby to zobaczyć, wstawmy funkcję użytkową (1.1) powyżej do wzoru (3.9) powyżej (wyprowadzonego na podstawie założeń (3.3)). Dochodzimy do następującego wzoru:

$$\Delta p = \frac{\frac{1}{2}\cdot[\exp(\alpha\cdot\Delta x)+\exp(-\alpha\cdot\Delta}{\exp(\alpha\cdot\Delta x)-\exp(-\alpha\cdot\Delta} \qquad (4.2)$$

Stały
awersja do ryzyka

Pomimo swojej złożoności, wzór (4.2) nie zawiera początkowego bogactwa x - dlatego też otrzymaliśmy *stałą awersję do ryzyka.*[16]

Niemniej jednak, jeśli do powyższego wzoru (3.1) wstawimy funkcję użytkową (1.1), otrzymamy zmniejszającą się użyteczność krańcową:

$$\rho(x) = \frac{\alpha}{e^{\alpha x}} \qquad (4.3)$$

Jeżeli do powyższego wzoru (3.15) wstawimy krańcową użyteczność (4.3), otrzymamy wynik, że wskaźnik awersji do ryzyka jest dodatni i stały - tak jak oczekiwaliśmy:

$$\lambda(x) = \alpha \qquad (4.4)$$

Faktycznie, w przykładzie Bernoulliego z *20 000* dukatów i *9 000* dukatów, jeśli osoba podążałaby za funkcją użytkową ze stałą awersją do ryzyka (1.1), to za każdą

15 Patrz też (Pratt 1964: 127). Nie jesteśmy jednak pewni, czy sam Bernoulli zdał sobie z tego sprawę. Zob. *np.* §9 Bernoullego 1954.

16 Jasne wyjaśnienie stałej awersji do ryzyka znajduje się w (Pratt 1964: 127 & 130).

dodatnią stałą α *racjonalne* byłoby sprzedanie losu na loterię za *9 000* dukatów - niezależnie od swojego bogactwa.

Jednak Bernoulli przyjmuje na siebie malejącą awersję do ryzyka.

Jeśli do wzoru (3.1) wstawimy ulepszoną funkcję użytkową Bernoulliego (2.8) powyżej, otrzymamy zmniejszającą się krańcową użyteczność:

$$\rho(x) = \frac{c}{x+b} \tag{4.5}$$

Jeżeli do wzoru (3.15) wstawimy krańcową użyteczność (4.5), otrzymamy wynik, że wskaźnik awersji do ryzyka maleje:

$$\lambda(x) = \frac{1}{x+b} \tag{4.6}$$

Należy zauważyć, że we wzorze (4.6) stała *c została anulowana.*

W przypadku ograniczającym b → 0 Oba wzory (4.5) i (4.6) prowadzą nas do przypadku oryginalnej funkcji użytkowej Bernoulliego (2.7).

Uważamy, że ważne jest, aby zauważyć, że jeśli *x zbliża się* do nieskończoności, wskaźnik (4.6) ogranicza się do zera:

$$\lim_{x\to\infty} \lambda(x) = 0 \tag{4.7}$$

Tak więc, funkcja użytkowa Bernoullego jest z awersją do ryzyka, ograniczając się do zera.

Bernoulli (1954) nie podkreśla, że jego narzędzie logarytmiczne ma awersję do ryzyka, ograniczając się do zera w nieskończoności. Jednak zarówno we wniosku o ubezpieczenie (§ 15), jak i o zarządzanie portfelem (§ 16), stwierdza on w efekcie, że granice racjonalnego zachowania wyznacza oczekiwanie pieniężne (Bernoulli 1954: 30-31).

Pratt idzie za Bernoullim. Na samym początku swojej pracy pojawia się sformułowanie "naturalna koncepcja zmniejszenia awersji do ryzyka" (Pratt 1964: 122). Sformułował cel znalezienia funkcji użytkowych, które są coraz mniej awersyjne do ryzyka w następujący sposób (Pratt 1964: 122 i 131):

... przekonujące funkcje użytkowe, dla których *r(x) zmniejsza się, nie* są tak łatwe do znalezienia.

...znalezienie funkcji, które mają tę właściwość, a także mają dość proste formuły.

W większości przykładów zakładów użyteczności publicznej o malejącej awersji do ryzyka Pratta (1964: 133) awersja do ryzyka ogranicza się do zera, ale on o tym nie wspomina.[17]

W niniejszym opracowaniu naszym celem jest przedstawienie matematycznie prostego modelu wewnątrz klasycznej teorii użyteczności. Nie zajmujemy się odchyleniami od niego, jak *np.* Friedman & Savage 1948 czy Kahneman & Tversky 1979. Na przykład, możemy przyznać, że istnieją lub powinny istnieć przypadki rosnącej awersji do ryzyka lub nawet przypadki poszukiwania ryzyka w niektórych segmentach bogactwa x. Wszystkie takie przypadki nie należą do punktu niniejszego opracowania.[18]

Uznajemy jednak za uzasadnione założenie, że w nieskończoności x, zarówno marginalna użyteczność, jak i awersja do ryzyka ograniczają się do zera - podobnie jak we wzorach (4.5) i (4.6) powyżej. Jeśli chodzi o nasze założenie (4.7): wydaje się, że nie ma dobrych powodów, aby uważać, że bardzo bogaty człowiek powinien unikać rzucania monetą, jeśli zarówno zysk, jak i strata są równe tylko jednemu centowi.

Wskaźniki awersji do ryzyka (4.6) zarówno dla funkcji użytkowej Bernoulliego (2.7) (wtedy $b = 0$), jak i dla jego poprawionej wersji (2.8) (jeśli $b = 1$) są przedstawione na rysunku 2 poniżej.

17 W przypadku formuły Pratta (1964: 133) (39) awersja do ryzyka jest dodatnia i malejąca, ale nie ogranicza się do zera. Użyteczność Pratta (34) obejmuje, jako przypadki szczególne, zarówno nasze formuły dla użyteczności Bernoulliego (2.7) jak i dla ulepszonej użyteczności Bernoulliego (2.8).

18 Jeśli chodzi o malejącą użyteczność krańcową, możliwość wyjątków przyznał Bernoulli (1954: 25): "Choć można zbudować niezliczone przykłady tego rodzaju, stanowią one niezwykle rzadkie wyjątki. Lepiej więc zastanowić się nad tym, co zwykle się dzieje".

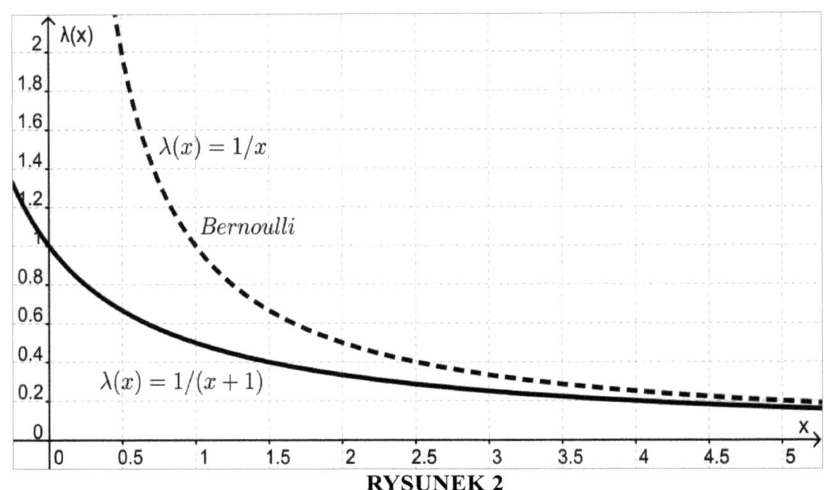

RYSUNEK 2

Wskaźnik awersji do ryzyka dla funkcji narzędzia logarytmicznego

5. Założenia ogólne

Powszechnie przyjmuje się, że teoria użyteczności odrodziła się w 1944 r., kiedy to von Neumann i Morgenstern wydali książkę *Theory of Games and Economic Behavior.* Opracowanie to było poświęcone teorii gier, ale w jego części omówiono również pojęcie użyteczności - z nowego punktu widzenia. W drugim wydaniu z 1947 r. dodano Aneks z dokładnym leczeniem aksjomatycznym teorii użyteczności. Książka zawiera jednak ponad *500* stron skomplikowanego tekstu.[19]

W bardziej czytelnej formie nowa teoria użyteczności, która stała się klasyczna i znana jako "Teoria NM", została przedstawiona przez Jensena (1967).

Celem Jensena było "ustanowienie pewnych pozornie akceptowalnych aksjomatów" dotyczących racjonalnych preferencji pomiędzy rozkładami prawdopodobieństwa wyników (pieniężnych), jeśli te podziały wynikają z podjętych decyzji (1967: 163-4). Na podstawie takich aksjomatów Jensen chciał wyprowadzić istnienie funkcji użytkowej, która odzwierciedla "siłę preferencji jednostki w odniesieniu do alternatyw" (1967: 172). Żądał *między innymi, by funkcja użytkowa* była rzeczywiście cenioną i zachowującą porządek funkcją - to znaczy, że jeśli a $\succ$ b (dystrybucja *a* jest lepsza niż dystrybucja *b*), wtedy
u(a) > u(b) (tamże). Jensen (1967: 169):

> Intencją było zarówno uproszczenie dowodów matematycznych, jak i uczynienie aksjomatów możliwie jak najbardziej akceptowalnymi.

Jensen (1967: 169) nawiązał do wkładu kilku innych autorów, którzy stworzyli systemy aksjomatyczne, alternatywne do systemu von Neumanna i Morgensterna. Jensen (*tamże*) opisał swoje własne aksjomaty jako "...związane z aksjomatami von Neumanna i Morgensterna, nie będąc absolutnie identycznymi z ich własnymi". Z trzech aksjomatów Jensena, dwa należą do von Neumanna i Morgensterna, a jeden wymyślił P. A. Samuelson (Jensen 1967: 173).

Istotny krok w wyprowadzeniu funkcji użytkowej przez Jensena jest następujący. Załóżmy, że *a*, *b* i *c* są trzema grami (rozkładami prawdopodobieństwa) o następującej kolejności a $\succ$ b $\succ$ c (tj. dystrybucja *a* jest lepsza od dystrybucji *b*, a dystrybucja *b* jest

19 Być może książka była zbyt pojemna nawet dla jej autorów - od wydania w 2004 roku znaleźliśmy kilka niejasnych lub nawet błędnych odniesień.

lepsza od dystrybucji *c*). Następnie, z aksjomatów wynika, że rozkład *b* jest obojętny z pewnym hazardem pomiędzy *a* i *c* . W tym hazardzie, niech $u_{ac}(b)$ być prawdopodobieństwem, że wynik *a* wystąpi oraz $1\text{-}u_{ac}(b)$ prawdopodobieństwo wystąpienia wyniku *c*. Następnie, $u_{ac}(b)$ jest funkcją użytkową w przedziale czasowym *(a, c)* - do dodatniej transformacji liniowej $u \rightarrow k \cdot u + l$, $k > 0$ gdzie *k* i *l* to jakieś prawdziwe liczby (Jensen 1967: 176-7). Następnie Jensen (1967: 178-9) udaje się odwzorować razem różne interwały *(a, c)* . W ten sposób Jensen udaje mu się wydedukować istnienie funkcji użytkowej.

W twierdzeniu 12 Jensen (1967: 180-2) dowodzi, że funkcja użytkowa jest ograniczona zarówno od góry, jak i od dołu.

W Tezie 15 Jensen (1967: 182) dowodzi, że użyteczność rozkładu prawdopodobieństwa jest odpowiednią oczekiwaną użytecznością.

W niniejszym opracowaniu odrzucamy jednak obawy aksjomatyczne i filozoficzne von Neumanna i Morgensterna z 2004 roku oraz Jensena z 1967 roku. Do poglądu Bernoulliego dodajemy po prostu postulat, że funkcja użytkowa musi mieć dolną i górną granicę. To podręcznikowe założenie jest powszechnie akceptowane w zastosowaniach teorii użyteczności w ekonomii. [20] Wówczas pozytywne liniowe transformacje użyteczności nie zmieniają kolejności preferencji w zakresie oczekiwań użyteczności i można wybrać dolną granicę użyteczności równą zero i górną granicę równą jeden.

Nasze "praktyczne aksjomaty" możemy podsumować w następujący sposób:

$$x \geqslant 0 \quad (5.1)$$

$$0 \leqslant u(x) \leqslant 1 \quad (5.2)$$

$$u(0) = 0 \quad (5.3)$$

$$u'(x) \geqslant 0$$

20Nie jesteśmy jednak pewni co do von Neumanna i Morgensterna, ponieważ w swoim załączniku napisali (2004: 629): "Mimo to użyteczność Bernoulliego zaspokaja nasze aksjomatyzmy i odpowiada na nasze wyniki... "

(5.4)

$$\lim_{x \to \infty} u(x) = 1$$

(5.5)

$$u''(x) < 0$$

(5.6)

Założenie (5.1) wyklucza możliwość wystąpienia aktywów ujemnych.[21]

Założenie (5.2) pozwala interpretować użyteczność jako prawdopodobieństwo.

Założenia (5.3) i (5.5) są wynikiem normalizacji. Normalizacja taka jest możliwa ze względu na fakt, że pozytywne liniowe transformacje użyteczności nie zmieniają kolejności preferencji oczekiwanych użyteczności.

Założenie (5.4) mówi, że wzrost posiadania nigdy nie jest szkodliwy.

Założeniem (5.6) jest założenie zmniejszania się użyteczności krańcowej. Jest to chyba najbardziej kontrowersyjne i warunkowe z naszych praktycznych aksjomatów.

Jak wynika z poniższej listy warunków (5.1)-(5.6), staramy się zawsze odnosić do dokładnych numerów warunków, które zostały założone w jakimś derywacji lub które same zostały wydedukowane.

Założenia (5.4) i (5.6) są odpowiedzialne za efekt awersji do ryzyka.

Założenia (5.1)-(5.6) nie oznaczają, że awersja do ryzyka zmniejsza się w x .

Założenia (5.1)-(5.5) implikują, że użyteczność *u(x)* może być interpretowana jako prawdopodobieństwo wygranej w grze typu "utility-fair gamble", w której można stracić wszystkie swoje pieniądze x i wygrać nieskończoną ilość pieniędzy.[22] W takim hazardzie prawdopodobieństwo wygranej p_u musi spełniać warunek

$$u(x) = p_u \cdot u(\ ) + (1 - p_u) \cdot u(0) \qquad (5.7)$$

co prowadzi nas do rezultatu

21 Nie mamy całkowitej pewności, czy założenie to, szeroko stosowane w zastosowaniach teorii użyteczności w ekonomii, jest dokładnie zgodne z aksjomatami np. Jensena (1967: 173).

22Jest to zgodne z teorią NM. Patrz *np.* "Sekta 3. The Notion of Utility", Sekta. 3.3.2, przypis 3 (von Neumann & Morgenstern 2004: 18-19). Jest to również zgodne z Jensenem 1967.

$$p_u = u(x) \quad (5.8)$$

Należy jednak zauważyć, że funkcja *u(x)* nie może być interpretowana jako rozkład prawdopodobieństwa.

Ponadto zakładamy, że w grze zakład Δx nie może być większy niż *x* - początkowe bogactwo[23]:

$$\Delta x \leqslant x \quad (5.9)$$

23 Zauważ, że w przypadku użyteczności logarytmicznej Bernoulliego *u(x) = ln(x)* nasz aksjomat (5.2) jest niezaspokojony, natomiast użyteczność utraty jest niezdefiniowana, jeśli warunek (5.9) zostanie naruszony.

6. Użyteczność krańcowa jako rozkład prawdopodobieństwa

Przydatność krańcowa $\rho(x)$ została zdefiniowana w (3.1). Nasze założenia (5.1)-(5.6) implikują następujące warunki dotyczące użyteczności krańcowej:

$$x \geqslant 0 \quad (6.1)$$

$$\rho(x) \geqslant 0 \qquad \textit{rozkład prawdopodobieństwa} \quad (6.2)$$

$$\int_0^\infty \rho(x)\,dx = 1 \qquad \textit{normalizacja} \quad (6.3)$$

$$\frac{d}{dx}\rho(x) < 0 \quad (6.4)$$

I odwrotnie: wraz z definicją

$$u(x) = \int_0^x \rho(y)\,dy \qquad \textit{kumulatywny podział} \quad (6.5)$$

założenia (6.1)-(6.4) wiążą się z warunkami (5.1)-(5.6).

Biorąc pod uwagę (6.1), założenia (6.2)-(6.3) są dokładnie tymi warunkami, które $\rho(x)$ musi spełniać, aby był to *rozkład prawdopodobieństwa.* Następnie warunek (6.2) stwierdza, że gęstość prawdopodobieństwa jest nieujemna, a warunek (6.3) jest warunkiem normalizacji.

Stan malejącej użyteczności krańcowej (5.6) jest równoważny ze stanem (6.4).

Tak więc, każda funkcja użytkowa (5.1)-(5.5) generuje rozkład prawdopodobieństwa (6.1)-(6.3) i *odwrotnie. W ten* sposób marginalna funkcja użyteczności $\rho(x)$ *może być zinterpretowana* jako *funkcja gęstości prawdopodobieństwa,* a funkcja użyteczności $u(x)$ jako odpowiadająca *jej funkcja rozkładu skumulowanego* (6.5).

Nie oznacza to, że należy interpretować marginalną użyteczność jako rozkład prawdopodobieństwa. Nie oznacza to również, że taka interpretacja ma głębsze znaczenie. Jak na razie wszystko, co zrobili±my, to pokazanie, że niektóre z takich interpretacji mog± być możliwe. Przynajmniej: technicznie rzecz biorąc, można wygenerować funkcje użytkowe, korzystając z rozkładów prawdopodobieństwa.

Należy zauważyć, że założenie (5.1) (lub (6.1)) jest w fizyce często nawet bardziej naturalne niż w teorii decyzji. Naturalne jest, na przykład, założenie, że energia jest nieujemna. Z kolei jeśli chodzi o teorię decyzji i pieniądze, to nie wolno zapominać, że ludzie czasami zaciągają ogromne długi.

Założenie malejącej użyteczności krańcowej (5.6) jest, z punktu widzenia prawdopodobieństwa, dodatkowym ograniczeniem (6.4) na gęstości $\rho(x)$. Ponownie: w fizyce zazwyczaj naturalne jest stawianie tego wymagania na dystrybucję energii $\rho(E)$. Ale w teorii decyzji jest w rzeczywistości kontrowersyjne, czy zależność (5.6) musi utrzymywać się dla każdego *x* (patrz *np.* Kahneman i Tversky 1979).

Najbardziej znaną dystrybucją energii jest dystrybucja Maxwell-Boltzmann. Funkcja ta zmniejsza się w *x* , spełniając warunek (6,4). Matematycznie, ma ona następującą postać:

$$\rho(x)=\alpha \cdot e^{-\alpha x} \quad \alpha>0 \quad \textit{Wykładniczy dystrybucja} \qquad (6.6)$$

Tak więc, z matematycznego punktu widzenia, jest to rozkład wykładniczy. Jako narzędzie marginalne prowadzi nas ono do funkcji użytkowej o stałej awersji do ryzyka (1.1). W przypadku $\alpha = 1$, rozkład malejący przedstawiony jest na rysunku 3 poniżej:

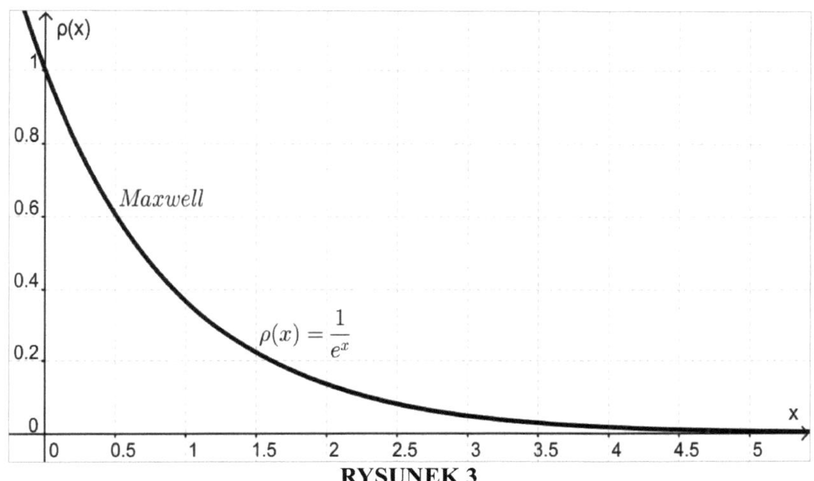

RYSUNEK 3

Gęstość prawdopodobieństwa wykładniczego

Jeżeli interpretuje się już funkcje narzędzia marginalnego ρ*(x)* jako rozkłady prawdopodobieństwa, to można zdefiniować odpowiednie oczekiwania. Na przykład, można zdefiniować oczekiwanie *x* :

$$\langle x \rangle = \int_0^\infty x \cdot \rho(x) \cdot dx \qquad \textit{przewidywany } x \tag{6.7}$$

W przypadku rozkładu wykładniczego (6.6) wynik może być łatwo obliczony:

$$\langle x \rangle = \frac{1}{\alpha} \tag{6.8}$$

W przypadku dystrybucji Maxwella-Boltzmanna w fizyce interpretacja tego wyniku jest jasna: oczekiwana energia <*E*> cząsteczki gazu jest równa kT , gdzie T *jest* temperaturą bezwzględną gazu, a k jest stałą *Boltzmanna.*

Jednak w teorii decyzji ρ*(x)* jest marginalną użytecznością i jak dotąd interpretacja odpowiadającego jej oczekiwania (6.7) jest niejasna.

W związku z tym pojawiają się następujące problemy:

- Jeśli $u(x)$ jest funkcją użytkową, to jaka jest interpretacja narzędzia marginalnego $\rho(x)$ jako rozkład prawdopodobieństwa?

- Jeżeli $\rho(x)$ jest rozkładem prawdopodobieństwa, to jaka jest interpretacja skumulowanego rozkładu $u(x)$ jako użyteczności - i jakie jest znaczenie odpowiadającej mu awersji do ryzyka ?

W niniejszym opracowaniu napotykamy na niektóre z takich pytań. Pod koniec badania zaproponujemy jeden model jako możliwą odpowiedź.

7. Uogólniona użyteczność Bernoullego

Bernoulli założył zmniejszającą się marginalną użyteczność, a ponadto zmniejszającą się awersję do ryzyka.[24] Swoje założenia sprecyzował, żądając, aby marginalna użyteczność była odwrotnie proporcjonalna do zamożności jednostki. W konsekwencji jednak również wskaźnik awersji do ryzyka okazuje się być odwrotnie proporcjonalny do bogactwa.

Zmniejszanie się naszej marginalnej użyteczności nie pociąga jednak za sobą zmniejszania się awersji do ryzyka. Co więcej, zmniejszająca się użyteczność marginalna została być może wprowadzona w celu wyjaśnienia efektu awersji do ryzyka.

Dlatego skupimy się na pojęciu awersji do ryzyka.

Od samego początku zakładamy, że wskaźnik awersji do ryzyka maleje. Dokładniej rzecz biorąc, zakładamy, że wskaźnik ten jest odwrotnie proporcjonalny do zamożności jednostki. Aby uniknąć trudności z nieskończonością, dodajemy jednak pewną nieujemną stałą do bogactwa jednostki.

Podsumowując, zakładamy następujący warunek na wskaźniku λ awersji do ryzyka:

$$\lambda(x) = \frac{a}{x+b} \qquad a > 0 \qquad b \geqslant 0 \qquad (7.1)$$

W specjalnym przypadku $a = 1$ i $b > 0$ prowadzi to do ulepszonej funkcji użytkowej Bernoulliego (2.5), która jest logarytmiczna, a więc bez górnej granicy.

W specjalnym przypadku $a = 1$ i $b = 0$ otrzymujemy oryginalną logarytmiczną funkcję użytkową Bernoullego (2.4).

(funkcja Gabriela Cramera $u(x) = c \cdot \sqrt{x}$, $c > 0$ cytowany przez Bernoullego (1954: 34), odpowiada wartościom parametrów $a = 1/2$ oraz $b = 0$.)

Dlatego zakładamy, że $a \neq 1$. Następnie, aby obliczyć użyteczność krańcową ρ, używamy wzoru (3.15). Rozwiązania te muszą spełniać wymóg (6.3). Można to zrobić tylko wtedy, gdy spełnione są następujące warunki:

$$a > 1 \qquad b > 0$$

---

24 Nie zajmujemy się tutaj historycznym pytaniem o to, czy rozróżnił on te dwa pojęcia.

(7.2)

Oznaczmy:

$$\beta = a - 1 \qquad (7.3)$$

Na koniec, aby obliczyć użyteczność *u,* używamy wzoru (6.5). Jest to dopełnienie naszego rozwiązania:

uogólnił funkcje Bernoullego:

$$\beta > 0 \qquad b > 0 \qquad (7.4)$$

$\lambda_\beta(x) = \frac{1+\beta}{x+b}$ *wskaźnik awersji do ryzyka* (7.5)

$\rho_\beta(x) = \frac{\beta}{b} \cdot \left(\frac{b}{x+b}\right)^{1+\beta}$ *marginalny użytek* (7.6)

$u_\beta(x) = 1 - \left(\frac{b}{x+b}\right)^{\beta}$ *Narzędzie* (7.7)

Funkcje *u(x)* (7.7) nazywamy uogólnionymi funkcjami użytkowymi Bernoullego.

Funkcje te są ze zmniejszającą się użytecznością krańcową (7.6), ograniczając się do zera; a ze zmniejszającą się awersją do ryzyka, ograniczając się do zera (λ w (7.5) jest wskaźnikiem - patrz wzory (3.11)-(3.12)).

Pamiętaj, że jeśli chcesz zmienić jednostkę pieniężną:

$$x = c \cdot y \qquad c > 0 \qquad (7.8)$$

następnie we wzorze (7.7) funkcja *u(x)* staje się funkcją *u(y)* - podczas gdy jedyna zmiana pojawia się w stałej *b* :

$$b \rightarrow \frac{b}{c}$$

(7.9)

W związku z tym to samo zastąpienie (7.9) ma zastosowanie do wzorów (7.5) i (7.6).[25]

Na przykład, jeśli zamiast euro używać centów, stała *b* staje się *100* razy większa.

Dlatego też, zasadniczo, funkcje w klasie funkcji użytkowych (7.7) są zdefiniowane wyłącznie przez wybraną dodatnią liczbę rzeczywistą β.

Ponadto, dla każdej funkcji użytkowej (7.7) istnieje taka jednostka *x*, że

$$b = 1 \qquad (7.10)$$

Następnie funkcje (7.5)-(7.7) są uproszczone i przedstawione w ich normalnej formie:

normalna forma
uogólnił funkcje Bernoullego:

$$\lambda_\beta(x) = \frac{1+\beta}{x+1} \quad \textit{wskaźnik awersji do ryzyka} \quad (7.11)$$

$$\rho_\beta(x) = \frac{\beta}{(x+1)^{1+\beta}} \quad \textit{marginalny użytek} \quad (7.12)$$

$$u_\beta(x) = 1 - \frac{1}{(x+1)^\beta} \quad \textit{Narzędzie} \quad (7.13)$$

Najprostsze funkcje użytkowe (7.13) są otrzymywane przy wartościach całkowitych β = *2* i

β = 1 . Odpowiednio:

$$u_2(x) = 1 - \frac{1}{(x+1)^2} \quad (\beta = 2) \quad (7.14)$$

$$u_1(x) = \frac{x}{x+1} \quad (\beta = 1) \quad (7.15)$$

---

25 Należy być ostrożnym: bezpośrednia zamiana (7.8) w (7.5) i (7.6) prowadzi do złego wyniku.

Funkcja (7.15) jest jedną z najprostszych funkcji użytkowych, jakie znamy. Można ją przybliżać, używając nieujemnych liczb całkowitych:

$$u_1(n) = \frac{n}{n+1} \quad n = 0; 1; 2; 3; \ldots \qquad (7.16)$$

Następnie otrzymujemy ciąg stosunków dwóch kolejnych nieujemnych liczb całkowitych:

$$\left\{\frac{0}{1}; \frac{1}{2}; \frac{2}{3}; \frac{3}{4}; \ldots\right\} \qquad (7.17)$$

Pod koniec niniejszego dochodzenia bardziej szczegółowo zbadane zostaną funkcje użytkowe (7.14) i (7.15).

Jeżeli chcemy zinterpretować narzędzie krańcowe jako rozkład prawdopodobieństwa, to możemy zdefiniować odpowiednie oczekiwanie *x* (patrz wzór (6.7)). W przypadku użyteczności marginalnej (7.6) oczekiwanie to jest skończone tylko pod warunkiem, że

$$\beta > 1 \qquad (7.18)$$

Przydatność (7.15) jest dokładnie na granicy: jeśli β zmniejsza się, to (7.15) jest pierwszym przypadkiem, gdy oczekiwanie *x* jest nieskończone. Potem jest długa droga do przypadku Bernoulliego $\beta = 0$.

W przypadku użyteczności krańcowej (7.6), oczekiwanie *x* można przedstawić w następujący sposób:

$$\langle x \rangle_\beta = \int_0^\infty x \cdot \rho_\beta(x) \cdot dx = \frac{b}{\beta - 1} \qquad \textit{przewidywany } x \qquad (7.19)$$

Zatem w funkcjach użytkowych (7.7) z $\beta = 1$ i $\beta = 2$ stała *b* ma następujące cechy:

$$\beta=1 \qquad u_1(b) = \tfrac{1}{2} \qquad \langle x\rangle_1 = \infty \qquad (7.20)$$

$$\beta=2 \qquad u_2(b) = \tfrac{3}{4} \qquad \langle x\rangle_2=b \qquad (7.21)$$

Mając na uwadze nierówności (7.18), można również zdefiniować

$$\alpha \quad =\beta \ -1 \quad = \quad a \ \ -2$$

(7.22)

Następnie normalna forma (*b = 1*) funkcji (7.11)-(7.13) może być przedstawiona w następujący sposób:

$$\lambda(x) = \frac{2+\alpha}{x+1}$$ *wskaźnik awersji do ryzyka* (7.23)

$$\rho(x) = \frac{1+\alpha}{(x+1)^2}\cdot\left[\frac{1}{(x+1)^{\alpha}}\right]$$ *użyteczność marginalna*

(7.24)

$$u(x) = 1-\frac{1}{x+1}\cdot\left[\frac{1}{(x+1)^{\alpha}}\right]$$ *Narzędzie* (7.25)

Oczekiwanie *x* (7,19) można przedstawić jako

$$\langle x\rangle = \frac{1}{\alpha}$$ *przewidywany* x

(7.26)

Porównaj z oczekiwaniem *x* (6.8) w przypadku stałej awersji do ryzyka.

Wzory (7.23) i (3.11) dają nam premię prawdopodobieństwa, jeśli zakłady Δx są małe:

$$\Delta p \approx \left(\frac{1}{2}+\frac{\alpha}{4}\right)\cdot\left(\frac{\Delta x}{x+1}\right)$$ *premia za prawdopodobieństwo*

(7.27)

Jednak w niniejszym opracowaniu nie zakładamy, że oczekiwanie *x* musi być skończone. Nie uważamy więc nierówności (7,18) za aksjomat.

Mediana *m* krańcowej użyteczności ρ*(x)* jako rozkład prawdopodobieństwa jest określona przez

$$u(m) = \frac{1}{2} \qquad \textit{mediana} \qquad (7.28)$$

W przypadku funkcji użytkowej (7.7) mediana może być przedstawiona w następujący sposób:

$$m_\beta = b \cdot \left(2^{1/\beta} - 1\right) \qquad \textit{mediana} \qquad (7.29)$$

Mediana *m* (7,29) jest zawsze mniejsza od oczekiwanej wartości *x* (7,19):

$$m_\beta < \langle x \rangle_\beta \qquad (7.30)$$

W przypadku *b* = *1*, mediana (7,29) i oczekiwany *x* (7,19) są przedstawione na rysunku 4 poniżej. Porównaj rysunek 4 z powyższymi wzorami (7.20)-(7.21).

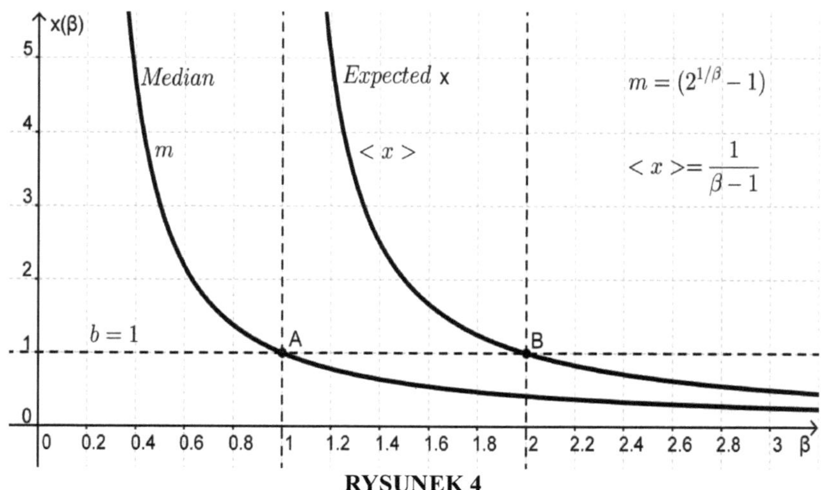

RYSUNEK 4

Mediana i Medium x *dla Użyteczności Marginalnej*

8. Określanie parametrów funkcji użytkowej

Należy pamiętać, że wskaźnik awersji do ryzyka λ (7.5) ma następujące cechy:

$$\lambda_\beta(0) = \frac{1+\beta}{b} \tag{8.1}$$

$$\lambda_\beta(b) = \frac{\lambda_\beta(0)}{2} \tag{8.2}$$

Załóżmy, że funkcja użytkowa *u(x) należy do* klasy funkcji (7.7). Załóżmy również, że możliwy jest eksperymentalny pomiar wskaźnika λ awersji do ryzyka.

Następnie można określić *λ(0),* a także taki *x*, przy którym λ jest dwukrotnie mniejsze od *λ(0)*. Następnie *b = x* .

Mówiąc bardziej ogólnie, jeśli według wartości $x=x_n$ wskaźnik λ jest *n* razy mniejszy niż *λ(0)* :

$$\lambda(x_n) = \frac{\lambda(0)}{n} \tag{8.3}$$

następnie

$$b = \frac{x_n}{n-1} \tag{8.4}$$

Na koniec, stała β może być obliczona jako

$$\beta = \frac{n}{n-1} \cdot \lambda(x_n) \cdot x_n - 1 \tag{8.5}$$

Jeśli stała β jest duża, a *n* jest duża, wtedy

$$\beta \approx \lambda(x) \cdot x \qquad (8.6)$$

Ogólnie rzecz biorąc, do wyznaczenia stałych *b* i β potrzebne są dwie wartości funkcji *λ(x)* .

Załóżmy, że *c* > *d i* że wartości λ(*c*) *i* λ(*d*) *są* określone. Następnie .

$$b = (1 -)\frac{\lambda(c) \cdot c - \lambda(d) \cdot d}{\lambda(c) - \lambda(d)} \qquad (8.7)$$

$$\beta = (1 -)\frac{c - d}{\lambda(c) - \lambda(d)} \cdot \lambda(c) \cdot \lambda(d) \qquad -1 \qquad (8.8)$$

Jak następuje, najpierw zbadamy dolną i górną granicę oraz inne cechy klasy uogólnionych funkcji Bernoulliego w ich normalnej formie (7.11)-(7.13). Przy oświetleniu badanie to może wydawać się bolesne.

Wreszcie, badamy cechy uogólnionych funkcji Bernoulliego (7.5)-(7.7) w prostych przypadkach specjalnych wartości parametrów β = *2* i β = *1* .

9. Dolna i górna granica klasy uogólnionych przedsiębiorstw użyteczności publicznej Bernoulliego

W niniejszym rozdziale badamy zachowanie się funkcji użytkowych (7.7), marginalnych (7.6) i awersji do ryzyka (7.5) w przypadku, gdy parametr β jest mały:

$$\beta \to 0 \quad \textit{dolna granica} \tag{9.1}$$

oraz w przypadku, gdy parametr β jest duży:

$$\beta \to \infty \quad \textit{górna granica} \tag{9.2}$$

Twierdzimy, że dolna granica odpowiada ulepszonej funkcji użytkowej Bernoulliego (2.5), a górna odpowiada funkcji użytkowej ze stałą awersją do ryzyka (1.1).

Przyznajemy jednak, że pojęcia "granica" lub "związany" czy nawet "zbliżony" muszą być przyjmowane w jakimś wystarczająco kwalifikowanym sensie.

W przypadku małego β wskaźnik awersji do ryzyka λ ogranicza się do ulepszonego przypadku Bernoulliego (2,5) - ponieważ w rzeczywistości zaczęliśmy od takiego założenia (patrz nasz warunek początkowy (7.1) i ostateczny wzór (7.5)). Od samego początku jest jednak jasne, że żadna funkcja użytkowa spełniająca nasz aksjomat (5.2) - a więc mająca górną granicę w x - nie może w żadnym ścisłym sensie ograniczać logarytmicznej funkcji użytkowej, która po prostu nie ma górnej granicy w x .

Co zaskakujące, w przypadku dużych β nasze funkcje użytkowe (7.7) są zbliżone do funkcji użytkowych o stałej awersji do ryzyka (1.1). Ponownie: nie wydaje się to mieć sensu, ponieważ funkcje te *mają stałą* awersję do ryzyka - podczas gdy nasze funkcje użytkowe (7.7) są *zdefiniowane* jako mające malejącą awersję do ryzyka, ograniczającą się do zera (patrz wzory (7.1) i (7.5)).

Podejrzewamy, że wynik ten wskazuje na to, że stan stałej awersji do ryzyka jest niestabilny w stosunku do drobnych szczegółów narzędzia - przynajmniej jeśli wskaźnik λ awersji do ryzyka (patrz (4.4) powyżej) jest duży.

W niniejszym artykule nie poruszamy tak istotnych tematów matematyki ezoterycznej jak funkcje uogólnione czy analiza funkcjonalna.[26] Nie jesteśmy też w stanie tego zrobić. Zróbmy jednak kilka heurystycznych uwag. Czytelnik, nie zainteresowany bałaganem z nieskończonością, może bezpiecznie pominąć niniejszy rozdział.

9.1 Niektóre Heurystyczne uwagi dotyczące funkcji delty

W 1930 roku Paul Dirac wydał książkę *The Principles of Quantum Mechanics* (używamy wydania Dirac 1967). Wprowadził tu funkcję δ, która stała się znana jako "funkcja delta Diraca".[27] Właściwie, nie jest to funkcja. Heurystycznie można ją opisać w następujący sposób:

$$\delta(x) = 0 \text{ jeśli } x \neq 0 \qquad (9.1.1)$$

$$\int_{-\infty}^{+\infty} f(x) \cdot \delta(x) \cdot dx = f(0) \qquad (9.1.2)$$

Równanie (9.1.2) powinno trzymać dla każdej trzeźwej funkcji *f(x)* .

Niech $\rho_L(x)$ być sekwencją rozkładów prawdopodobieństwa. Dodatkowo zakładamy, że jeżeli indeks *L zbliża* się do nieskończoności, to prawdopodobieństwo przynależności *x* do arbitralnie małego segmentu około *x = 0* zbliża się do jednego. Jako prosty przykład takich sekwencji rozkładów używamy rozkładów prostokątnych:

$$L>0:$$

$$\rho_L(x) = 0 \text{ jeśli } |x| > \frac{1}{2L} \qquad (9.1.3)$$

26 Geniusz von Neumanna poruszył również te kwestie. von Neumann 1996, którego pierwszym wydaniem było *Matematische Grundlagen der Quantenmechanic*, 1932.

27 Z pewnością podobne pomysły zostały przedstawione wcześniej przez niektórych wielkich matematyków. Naszym zdaniem, już Euler ze swoimi nieskończonymi seriami, które nie są zbieżne, miał coś ważnego do powiedzenia.

$$\rho_L(x) = L \text{ jeśli } |x| \leqslant \frac{1}{2L} \qquad (9.1.4)$$

Rozkład prostokątny (9.1.3)-(9.1.4) przedstawiono na rysunku 5 poniżej.[28]

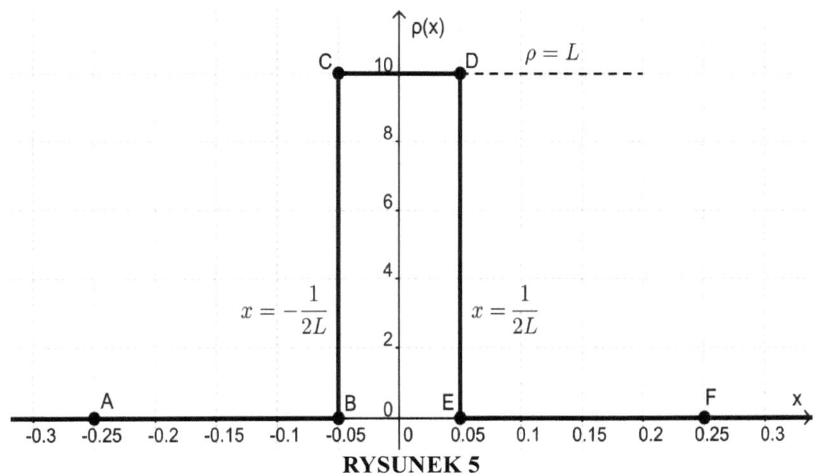

RYSUNEK 5

Prostokątny rozkład prawdopodobieństwa

Jeżeli *L zbliża* się do nieskończoności, wówczas rozkład zbliża się do funkcji δ.

Takie sekwencje rozkładu pozwalają na obliczenie następującego limitu:

$$\lim_{L\to\infty} \int_{-\infty}^{+\infty} f(x) \cdot \rho_L(x) \cdot dx = \lim_{L\to\infty} \langle f(x) \rangle_L = f(0) \qquad (9.1.5)$$

28 Badaliśmy takie funkcje delty z punktu widzenia paradoksów Zeno, używając tego, co nazywamy niezdecydowanymi grami. Więcej informacji na ten temat oraz dalsze odniesienia do naszych odpowiednich badań można znaleźć w Eintalu 2009.

Powyżej, *f(x)* jest dowolną trzeźwą funkcją; a obliczona wartość po prawej stronie równania jest granicą oczekiwania *f*.

Jeśli jednak chce się wymienić kolejność operacji wyliczania limitu i wyliczania całki, to trzeba skorzystać z takiego limitu, który nie istnieje w klasycznym sensie. Granica ta może być wykorzystana jako heurystyczna definicja funkcji δ:

$$\lim_{L \to \infty} \rho_L(x) = \delta(x) \qquad (9.1.6)$$

Nic nie zmienia się zasadniczo, jeśli założyć, że x musi być nieujemne (patrz nasz aksjomat (6.1)).

Wtedy, jeżeli parametr β jest duży, nasz rozkład $\rho_\beta(x)$ (7.6) zachowuje się jak funkcja δ.

W przypadku $b = 1$ jest on przedstawiony na rysunku 6 poniżej, gdzie wybrano wartość $\beta = 100$. Na tym rysunku pokazano również rozkład prostokątny z $L = \beta$.

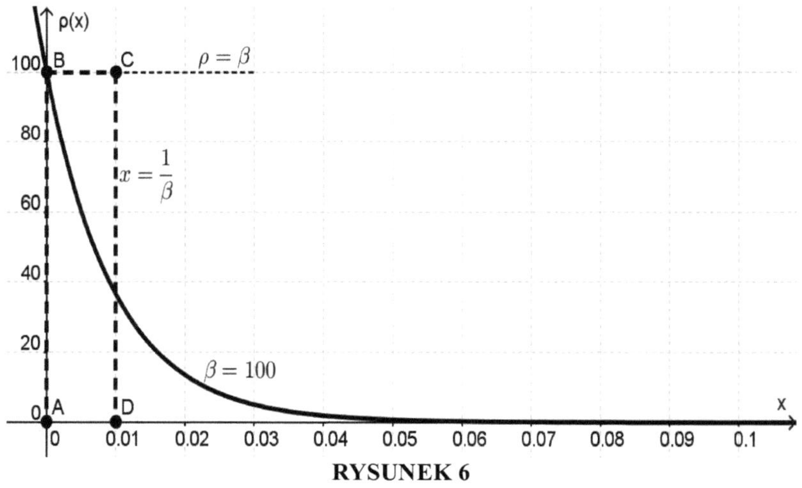

RYSUNEK 6

Narzędzie marginalne i funkcja delty prostokątnej

Na przykład wybierzmy $f(x) = x$. Oczekiwanie na x zostało obliczone we wzorze (7.19). Granica ciągu oczekiwań (porównaj z wzorem (9.1.5)) wynosi zero:

$$\lim_{\beta\to\infty}\int_0^{\infty} x\cdot\rho_\beta(x)\cdot dx = \lim_{\beta\to\infty}\langle x\rangle_\beta = \lim_{\beta\to\infty}\frac{b}{\beta-1} = 0 \qquad (9.1.7)$$

Ten sam wynik można osiągnąć, stosując funkcję δ (porównać z wzorem (9.1.2)):

$$\int_0^{+\infty} x\cdot\delta(x)\cdot dx = x(x=0) = 0 \qquad (9.1.8)$$

Prawdopodobieństwo, że $x \leqslant x_0$, $x_0 > 0$ (patrz wzory (6.5), (7.6) i (7.7)) można przedstawić w następujący sposób:

$$\int_0^{x_0}\rho_\beta(x)\cdot dx = u_\beta(x_0) = 1-\frac{1}{\left(\frac{x_0}{b}+1\right)^{\beta}} \qquad (9.1.9)$$

Dlatego:

$$\lim_{\beta\to\infty}\int_0^{x_0}\rho_\beta(x)\cdot dx = 1 \qquad (9.1.10)$$

Tak więc, kolejność dystrybucji $\rho_\beta(x)$ (7.6) spełnia wymaganie, jakie stawiamy na ciągi rozkładów prawdopodobieństwa, ograniczając się do funkcji δ.

Jednakże nasze główne problemy pojawiają się w przypadku małych wartości parametru β . Zasadniczo, nasze problemy wynikają z paradoksalnego charakteru funkcji logarytmicznej.

Oznaczmy:

$$g(x) = \frac{1}{x+1} \qquad (9.1.11)$$

$$g_\beta(x) = \frac{1}{(x+1)^{1+\beta}} \quad \beta > 0 \qquad (9.1.12)$$

$$h(x) = \ln(x+1) \qquad (9.1.13)$$

$$h_\beta(x) = (-1)\frac{1}{\beta} \cdot \left[\frac{1}{(x+1)^\beta}\right] \qquad (9.1.14)$$

Następnie utrzymują się następujące stosunki:

$$\frac{d}{dx}h(x) = g(x) \qquad (9.1.15)$$

$$\frac{d}{dx}h_\beta(x)=g_\beta(x) \qquad (9.1.16)$$

$$\lim_{\beta \to 0} g_\beta(x) = g(x) \qquad (9.1.17)$$

Tak więc, utrzymuje się następująca relacja:

$$\lim_{\beta \to 0}\left[\frac{d}{dx}h_\beta(x)\right] = g(x) \qquad (9.1.18)$$

Jeśli jednak chce się wymienić kolejność wyliczania limitu i wyliczania instrumentu pochodnego, to napotyka się na trudności. Wymagany limit nie istnieje jako funkcja:

$$\lim_{\beta \to 0} h_\beta(x) = -\infty \qquad (9.1.19)$$

Jeśli chcesz zwielokrotnić funkcję $g_\beta(x)$ (9.1.12) z parametrem β , otrzymuje się użyteczność krańcową (7.12), która spełnia warunek (6.3). Nie pomaga to jednak, ponieważ

$$\lim_{\beta \to 0} \beta \cdot h_\beta(x) = -1 \qquad (9.1.20)$$

Pochodna wyniku (9.1.20) jest równa zeru, a nie wyniku *g(x)* z (9.1.18).

Sytuacja w (9.1.18) wydaje się być jeszcze gorsza niż w przypadku Diraca (9.1.5) z całkami.

Istotą problemu jest niestabilność funkcji (9.1.12). Jeśli $\beta = 0$, wtedy otrzymujemy całkę logarytmiczną (9.1.13) bez górnej granicy; ale dla każdego arbitralnie małego dodatniego β otrzymujemy całkę (9.1.14), której wartość bezwzględna zmniejsza się do zera w x .

Pozwalamy, aby w całości profesjonalni matematycy tłumaczyli w sposób rygorystyczny, ale zrozumiały te gry z nieskończonością.

Wreszcie zauważmy, że w przypadku małych wartości β nasza marginalna użyteczność (7,6) rozprzestrzenia się, zachowując się jak "funkcja anty delta". W przypadku $b = 1$ *zilustrowano* to na rysunku 7 poniżej, gdzie $\beta = 0{,}01$. Na tym rysunku pokazano również rozkład prostokątny z $L = \beta$.

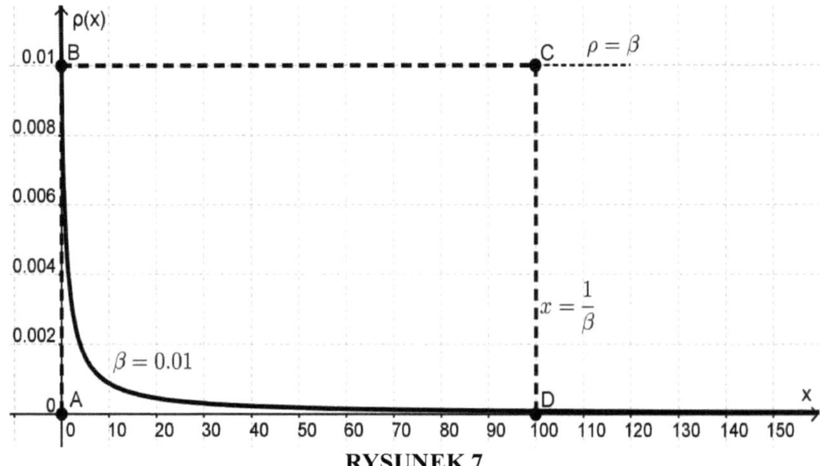

RYSUNEK 7

Użyteczność krańcowa w przypadku małego β

Tak więc, jeżeli parametr β spada, to rozkład wypukły (7.6) "wypływa" z pola *ABCD* i ten prostokątny rozkład przestaje być dobrym przybliżeniem.

W przypadku *b = 1* , wielkość prawdopodobieństwa, które pozostaje poza tym prostokątem, można przedstawić (patrz wzory (6.5), (7.12) i (7.13)) w następujący sposób:

$$\int_{1/\beta}^{\infty} \rho_{\beta}(x)\, dx = u(\;) - u\left(1/\beta\right) = \frac{1}{\left(1+\frac{1}{\beta}\right)^{\beta}} \qquad (9.1.21)$$

Tak więc, w przypadku dużego β (patrz rys. 6 powyżej), jako wartość graniczna, *37%* prawdopodobieństwa pozostaje poza ramką:

$$\lim_{\beta\to\infty}\left[\frac{1}{\left(1+\frac{1}{\beta}\right)^{\beta}}\right] = \frac{1}{e} \approx 0.37 \qquad (9.1.22)$$

Jednakże w przypadku małych β (patrz rys. 7 powyżej), jako wartość graniczna, *100%* prawdopodobieństwa pozostaje poza ramką:

$$\lim_{\beta \to 0}\left[\frac{1}{\left(1+\frac{1}{\beta}\right)^{\beta}}\right] = 1 \qquad (9.1.23)$$

Całe prawdopodobieństwo "płynu" wypływa z pudełka *ABCD* . Jest to niezwykłe, ponieważ granica pudełka $x = 1/\beta$ *zbliża* się do nieskończoności.

9.2 Uogólnione funkcje Bernoullego Wyrażone w kategoriach ulepszonych funkcji Bernoullego

Załóżmy, że $b = 1$. Następnie, dla ulepszonej funkcji użytkowej Bernoulliego (2.5), użyjmy następującego zapisu:

ulepszył funkcje Bernoullego:

$$u_B(\beta;x) = \beta \cdot ln(x+1) \qquad \textit{Narzędzie} \qquad (9.2.1)$$

$$\rho_B(\beta;x) = \frac{d}{dx} u_B(\beta;x) \qquad \textit{marginalny użytek} \qquad (9.2.2)$$

$$\lambda_B(x) = (-1)\frac{d}{dx} ln[\rho_B(\beta;x)] \quad \textit{wskaźnik awersji do ryzyka} \qquad (9.2.3)$$

Należy pamiętać, że parametr β anuluje się z obliczeń (9.2.3).

Tak więc:

$$\rho_B(\beta;x) = \frac{\beta}{x+1} \qquad (9.2.4)$$

$$\lambda_B(x) = \frac{1}{x+1} \qquad (9.2.5)$$

Uogólnione funkcje Bernoullego w ich normalnej formie (7.11)-(7.13) można teraz przedstawić w następujący sposób:

$$u_\beta(x) = 1 - \frac{1}{\exp[u_B(\beta;x)]} \qquad (9.2.6)$$

$$\rho_\beta(x) = \frac{\rho_B(\beta;x)}{\exp[u_B(\beta;x)]} = [1 - u_\beta(x)] \cdot \rho_B(\beta;x) \qquad (9.2.7)$$

$$\lambda_\beta(x) = \lambda_B(x) + \rho_B(\beta;x) \qquad (9.2.8)$$

Zależności (9.2.6)-(9.2.8) utrzymują się dla każdej dodatniej wartości parametru β .

9.3 Ulepszona sprawa Bernoulliego jako dolna granica

Rozważmy przypadek małych wartości parametru β (warunek (9.1)).

Wskaźnik λ awersji do ryzyka (9.2.8) ogranicza udoskonaloną funkcję Bernoulliego (9.2.5):

$$\lim_{\beta \to 0} \lambda_\beta(x) = \lambda_B(x) \qquad (9.3.1)$$

Dlatego w przypadku małych β obowiązuje następujące przybliżenie:

mały β $\lambda_\beta(x) \approx \lambda_B(x)$ *zbliżenie* (9.3.2)

Przybliżenie to ma pewne ograniczenia, w tym sensie, że generuje logarytmiczną funkcję użytkową.

Granica (9.3.1) jest zilustrowana na rysunku 8 poniżej.

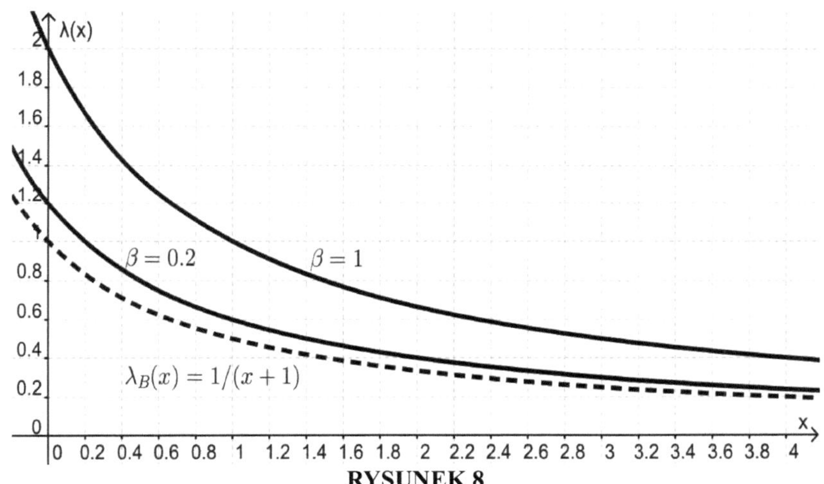

RYSUNEK 8

Wskaźnik limitów awersji do ryzyka w sprawie Bernoulliego

Użyteczność marginalna (9.2.7) jest zbliżona do ulepszonej funkcji Bernoulliego (9.2.4).

Aby to zobaczyć, użyjmy serii Taylor. Następnie .

$$\rho_\beta(x) = \rho_B(\beta;x)\cdot\left[1 - \beta\cdot\ln(x+1) + \frac{\beta^2\cdot\ln^2(x+1)}{2} - \dots\right] \qquad (9.3.3)$$

Dlatego w przypadku małych β obowiązuje następujące przybliżenie:

mały β $\quad \rho_\beta(x) \approx \rho_B(\beta;x) \quad$ *Zbliżenie* (9.3.4)

Można podejrzewać, że przybliżenie (ppkt 9.3.4) przestaje obowiązywać w przypadku dużych wartości x . Na przykład, we wzorze (ppkt 9.2.7) powyżej, jeżeli x *zbliża* się do nieskończoności, wówczas $1-u_\beta(x)$ zbliża się do zera. - Jednakże, obie $\rho_\beta(x)$ oraz $\rho_B(\beta; x)$ zbliżają się również do zera. Można obliczyć odchylenie bezwzględne

$$\Delta\rho(\beta;x) = \rho_B(\beta;x) - \rho_\beta(x) = u_\beta(x) \cdot \rho_B(\beta;x) \qquad (9.3.5)$$

Następnie

$$\Delta\rho(\beta;0) = 0 \qquad (9.3.6)$$

$$\lim_{x\to\infty} \Delta\rho(\beta;x) = 0 \qquad (9.3.7)$$

$$\lim_{\beta\to 0} \Delta\rho(\beta;x) = 0 \qquad (9.3.8)$$

W przypadku $\beta = 0{,}2$ przybliżenie (9.3.4) pokazano na rysunku 9 poniżej.

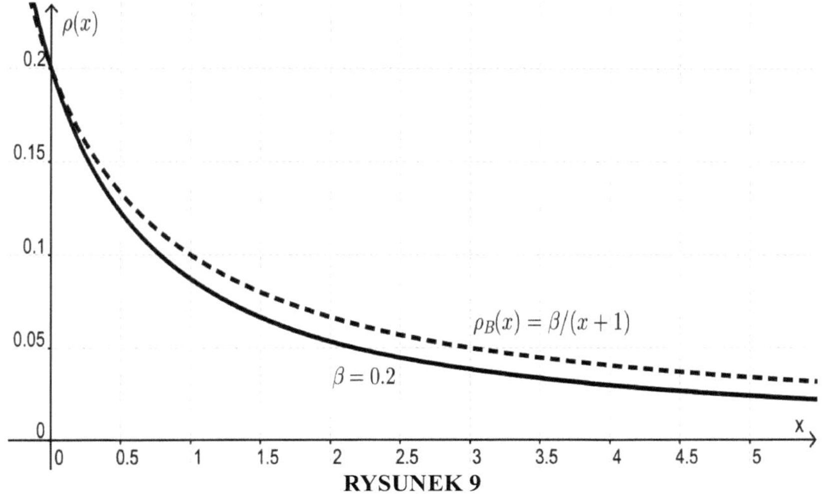

RYSUNEK 9

Marginalne granice przydatności do użytku w sprawie Bernoulliego

Należy jednak zauważyć, że

$$\rho_{\beta}(0) = \rho_B(\beta;0) = \beta \qquad (9.3.9)$$

Zatem wartości maksymalne na rysunku 9 zależą od wybranego parametru β, co utrudnia porównanie odchyleń (9.3.5) rozkładów z różnymi wartościami tego parametru.

Dlatego skorzystajmy z ponownie uformowanych funkcji

$$\frac{\rho_{\beta}(x)}{\rho_{\beta}(0)} = \frac{1}{x+1} \cdot \left[\frac{1}{(x+1)^{\beta}}\right] \quad \textit{rozdział zreformowany} \qquad (9.3.10)$$

$$\frac{\rho_B(\beta;x)}{\rho_B(\beta;0)} = \frac{1}{x+1} \quad \textit{rozdział zreformowany} \qquad (9.3.11)$$

Istotne jest, aby we wzorze (ppkt 9.3.11) parametr β został anulowany.

Zauważ, że (patrz również nasz warunek (6.3)) utrzymują się następujące relacje:

$$\int_0^\infty \rho_\beta(x) \cdot dx = 1 \quad (9.3.12)$$

$$\int_0^\infty \left[\frac{\rho_\beta(x)}{\rho_\beta(0)}\right] \cdot dx = \frac{1}{\beta} \quad (9.3.13)$$

$$\int_0^\infty \rho_B(\beta;x) \cdot dx = \int_0^\infty \left[\frac{\rho_B(\beta;x)}{\rho_B(\beta;0)}\right] \cdot dx = \infty \quad (9.3.14)$$

Ponownie uformowane rozkłady (9.3.10) i (9.3.11) dla różnych wartości parametru β przedstawiono na rysunku 10 poniżej.

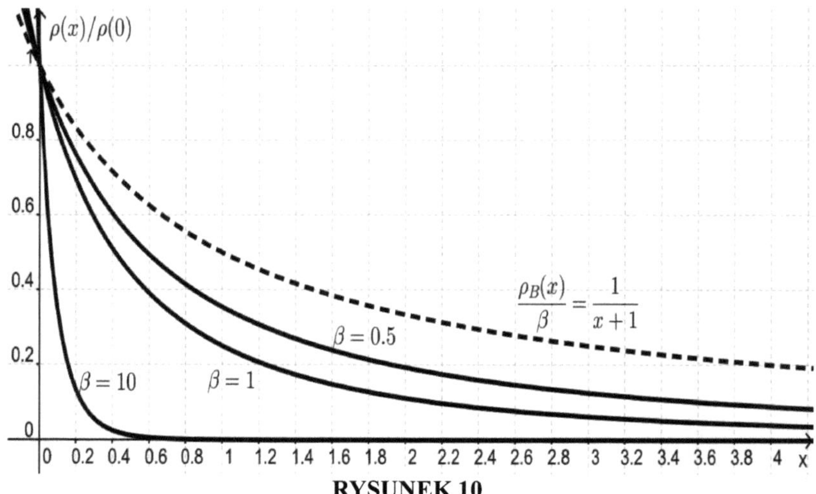

RYSUNEK 10

Ponownie zdeformowane Marginalne Granice Użyteczności do sprawy Bernoulliego

Należy zauważyć, że odpowiednie odchylenie bezwzględne (patrz wzór (9.3.5) powyżej) nadal ogranicza się do zera:

$$\lim_{\beta \to 0} \left[\frac{\Delta \rho(\beta;x)}{\beta} \right] = 0 \quad (9.3.15)$$

Użyjmy jednak definicji (9.3.5), aby wyrazić względne odchylenie przybliżenia (9.3.4):

$$\frac{\rho_B(\beta;x) - \rho_\beta(x)}{\rho_B(\beta;x)} = \frac{\Delta\rho(\beta;x)}{\rho_B(\beta;x)} = u_\beta(x) \quad (9.3.16)$$

Ta sama zależność obowiązuje dla dystrybucje zreformowane (9.3.10)-(9.3.11).

Następnie dla wszelkich stałych *x wartości granicznych* odchylenia względnego (9.3.16) do zera, jeśli β wartości granicznych do zera, ponieważ

$$\lim_{\beta \to 0} u_\beta(x) = 0 \quad (9.3.17)$$

Niemniej jednak dla każdego ustalonego β granice odchylenia względnego (9.3.16) do jednej, jeśli *x* granice do nieskończoności[29]:

$$\lim_{x \to \infty} u_\beta(x) = 1 \quad (9.3.18)$$

I tak jest pomimo faktu, że bezwzględne granice odchylenia do zera w *x* (patrz (9.3.7)).

Zauważ również, że na rysunku 9 powyżej, jeśli β zmniejsza się, wówczas maksymalny punkt przesuwa się w dół, "ciecz" dystrybucji $\rho_\beta(x)$ "płynie" w prawo - ale jego skończona objętość (9.3.12) pozostaje taka sama. W ten sposób nigdy nie może ona osiągnąć nieskończoności całek (9.3.14).

Uogólniona funkcja użytkowa Bernoullego (7.13) ogranicza się do jednej, jeśli *x* wzrasta do nieskończoności. Dlatego też tylko w przypadku małego *x* można go

---

29 Jest to przykład tego, co nazywamy *niezdecydowanymi grami*. Więcej informacji na ten temat oraz na temat naszych odpowiednich dochodzeń można znaleźć w Eintalu 2009.

przybliżać za pomocą ulepszonej funkcji użytkowej Bernoulliego (9.2.1), która jest logarytmiczna i bez górnej granicy.

Zastosujmy serię Taylor w u_B przy użyciu powyższego wzoru (9.2.6):

$$u_\beta(x) = u_B(\beta;x) - \frac{u_B^2(\beta;x)}{2} + \dots = \beta \cdot \ln(x+1) - \frac{\beta^2 \cdot \ln^2(x+1)}{2} + \dots \qquad (9.3.19)$$

Tak więc, dla każdego x, w przypadku wystarczająco małego β, obowiązuje następujące przybliżenie:

$$u_\beta(x) \approx u_B(\beta;x) \qquad \textit{mały } \beta \qquad (9.3.20)$$

Jest to jednak przykład tego, co nazywamy *niezdecydowaną grą* - ponieważ dla każdego β, w przypadku wystarczająco dużego x przybliżenia (9.3.20) nie ma miejsca.[30]

Należy również zauważyć, że w przypadku małych x, obie funkcje (9.2.1) i (9.2.6) dają takie samo przybliżenie

$$u_\beta(x) \approx u_B(\beta;x) \approx \beta \cdot x \qquad \textit{nieznaczny } x \qquad (9.3.21)$$

Tak więc, dla arbitralnie dużej wartości parametru β, w przypadku wystarczająco małej x poprawiona użyteczność Bernoulliego (9.2.1) jest przybliżona do uogólnionej użyteczności Bernoulliego (7.13).

W przypadku $\beta = 0{,}1$, przybliżenie (9.3.20) zilustrowano na rysunku 11 poniżej.

30 Pojęcie *niezdecydowanych gier* oraz dalsze odniesienia do naszych odpowiednich dochodzeń znajdują się w Eintalu 2009.

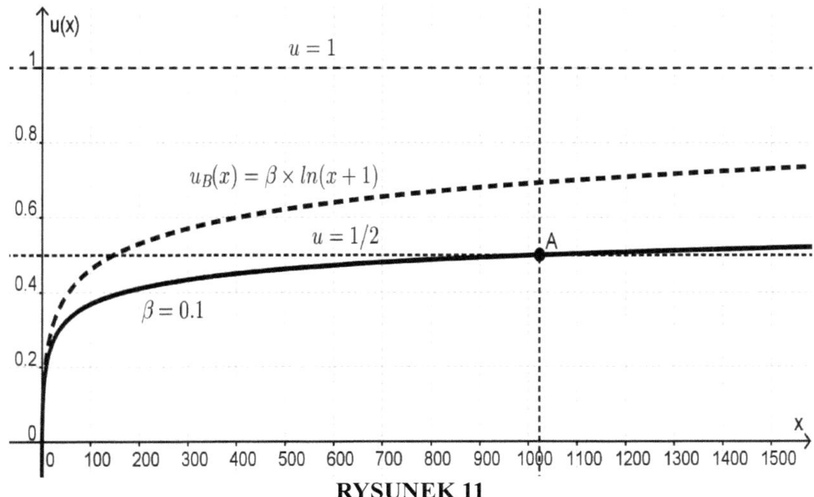

RYSUNEK 11

Uogólniona użyteczność Bernoullego i ulepszona użyteczność Bernoullego

Przybliżenie odnosi się do małych wartości x .

Na rysunku 11 powyżej, narzędzie (7,13) osiąga wartość $u = 0{,}5$ w punkcie A , w przybliżeniu przy $x = 1\ 000$. W tym momencie, poprawiona użyteczność Bernoulliego (9.2.1) jest nadal akceptowalnym przybliżeniem do niej. Jeżeli jednak x wzrasta, to ulepszona użyteczność Bernoulliego osiąga wartość $u = 1$, a następnie powoli wzrasta do nieskończoności - podczas gdy użyteczność (7.13) ma górną granicę $u = 1$.

Warto zauważyć, że odkąd punkt A został przekroczony, narzędzie (7.13) zachowuje się tak, jakby nie chciało zostawić osiągniętej wartości $u = 0.5$. Przy wartości $x = 1\ 000$, jej krańcowa użyteczność (patrz wzór (7.12)) jest bardzo mała:

$$\rho_{0.1}(1\ 000) \approx 5 \cdot 10^{-5} \qquad (9.3.22)$$

Marginalna użyteczność (9.2.4) ulepszonej użyteczności Bernoulliego jest dwukrotnie większa, ale na tym etapie jest również bardzo mała.

Narzędzia marginalne przy $x = 0$ są małe i równe $\beta = 0{,}1$. Ale wartość przy $x = 1\ 000$ (9.3.22) jest $2\ 000$ razy mniejszy.

Należy zauważyć, że przy $x = 1\ 000$ odpowiednie wskaźniki awersji do ryzyka (patrz wzory (7.11), (9.2.5) i (9.3.2)) są również bardzo małe:

$$\lambda_{0.1}(1\;000) \approx \lambda_{B}(0.1\,;1\;000) \approx 1\cdot 10^{-3} \qquad (9.3.23)$$

9.4 Obojętność Bernoulańska kolegi z Północy

Półszczęśliwy człowiek ma *50%* swojego możliwego dobrobytu, w skali użytkowej *0,5* (patrz wzór (7,28)). Załóżmy, że postawę człowieka opisuje funkcja użytkowa (7,13). Wtedy czyjeś dobro pieniężne równa się medianie *m* określonej w (7,29). Załóżmy, że $b = 1$, a więc

$$m_{\beta} = 2^{1/\beta} - 1 \qquad (9.4.1)$$

Jeśli parametr β zmniejsza się w kierunku przypadku bernoulowego, wówczas mediana gwałtownie wzrasta (patrz rysunek 4 powyżej). W pierwszym przykładzie, w przypadku $\beta = 0,2$ wymagany pieniądz wynosi *31* jednostek; w przypadku $\beta = 0,1$ *wymagany pieniądz,* aby być w połowie szczęśliwym, wynosi już *1 023* jednostki (patrz rysunek 11 powyżej).

Wstawmy medianę (9.4.1) do wzoru (7.12)-(7.13). Wynik jest następujący

$$\rho_{\beta}(m_{\beta}) = \frac{1}{2}\cdot\left(\frac{\beta}{2^{1/\beta}}\right) \qquad (9.4.2)$$

$$\lambda_{\beta}(m_{\beta}) = \frac{1+\beta}{2^{1/\beta}} \qquad (9.4.3)$$

Powyżej (9.4.2) znajduje się krańcowa użyteczność oraz (9.4.3) wskaźnik awersji do ryzyka przy medianie. Jeśli β zmniejsza się, to oba szybko się zmniejszają i oba zmniejszają się do zera:

$$\lim_{\beta \to 0} \rho_\beta(m_\beta) = 0 \qquad (9.4.4)$$

$$\lim_{\beta \to 0} \lambda_\beta(m_\beta) = 0 \qquad (9.4.5)$$

Tak więc, jeśli parametr β jest mały, to nasz półszczęśliwy kolega nie ma prawie żadnego interesu w zdobyciu dodatkowej jednostki pieniężnej. Jednocześnie nie ma prawie nic przeciwko rzuceniu monetą z perspektywą wygranej lub przegranej jednej jednostki pieniężnej.

Należy jednak zauważyć, że dla narzędzi logarytmicznych pojęcie "połowiczności" nie jest zdefiniowane.

Należy również zwrócić uwagę, że odnieśliśmy się tylko do przypadku małych wartości parametru β .

9.5 Narzędzie o stałej awersji do ryzyka jako górna granica

Rozważmy przypadek dużych wartości parametru β (warunek (9.2)).

Załóżmy, że $b = 1$.

Dla funkcji użytkowej (1.1) o stałej awersji do ryzyka, użyjmy następującego zapisu:

stałej awersji do ryzyka:

$$u_C(\beta;x) = 1-\frac{1}{e^{\beta x}} \quad \textit{Narzędzie} \qquad (9.5.1)$$

$$\rho_C(\beta;x) = \frac{\beta}{e^{\beta x}} \textit{marginalny użytek} \qquad (9.5.2)$$

$$\lambda_C(\beta)=\beta \qquad \textit{wskaźnik awersji do ryzyka} \qquad (9.5.3)$$

Należy pamiętać, że w przypadku (9.2.3) β anuluje; a w przypadku (9.5.3) *x* anuluje.

Będziemy stosować następujące zależności matematyczne. Niech *z* będzie dowolną dodatnią liczbą rzeczywistą. Następnie .

$$1 < \left(1 + \frac{1}{z}\right)^z < e \qquad z > 0 \qquad (9.5.4)$$

$$\lim_{z\to\infty}\left(1 + \frac{1}{z}\right)^z = e \qquad (9.5.5)$$

Powyżej, *e* jest numerem Eulera:

$$e \approx 2.\ 72 \qquad (9.5.6)$$

Wybierzmy *1/β* jako nową jednostkę bogactwa:

$$x = y/\beta \qquad (9.5.7)$$

mianownik w definicji (7.13) uogólnionej użyteczności Bernoulliego można przedstawić jako

$$(x+1)^{\beta} = \left[\left(1 + \frac{1}{\beta/y}\right)^{\beta/y}\right]^{y} \qquad (9.5.8)$$

Dlatego też, w przypadku stałego *y* , obowiązuje następująca zależność:

$$\lim_{\beta \to \infty} (x+1)^{\beta} = e^{y} \qquad (9.5.9)$$

To prowadzi nas do hipotezy, że w przypadku dużego β działa następujące przybliżenie:

$$(x+1)^{\beta} \approx e^{\beta x} \qquad (9.5.10)$$

Na rysunku 6 powyżej, *1/β* byłaby szerokością *AD* prostokątnego *ABCD* .

Co prawda, (9.5.9) nie jest to dowód (9.5.10), ponieważ założyliśmy, że *y jest* ustalone. Jak dotąd, przybliżenie (9.5.10) jest udowodnione tylko w przypadku małych *x* .

Niemniej jednak, sprawdźmy odpowiednie przybliżenie użyteczności (7.13) z użytecznością o stałej awersji do ryzyka (9.5.1):

$$\textit{duży } \beta \qquad u_{\beta}(x) \approx u_{C}(\beta;x) \qquad \textit{zbliżenie} \qquad (9.5.11)$$

Z nierówności (9.5.4) wynika, że

$$u_{\beta}(x) < u_{C}(\beta;x) \qquad (9.5.12)$$

Zdefiniujmy absolutne odchylenie

$$\Delta u(\beta;x) = u_{C}(\beta;x) - u_{\beta}(x) \qquad (9.5.13)$$

Następnie

$$\Delta u(\beta;0) = 0 \tag{9.5.14}$$

$$\lim_{x\to\infty} \Delta u(\beta;x) = 0 \tag{9.5.15}$$

$$\lim_{\beta\to\infty} \Delta u(\beta;x) = 0 \tag{9.5.16}$$

Podobne relacje utrzymują się w przypadku względnego odchylenia:

$$\lim_{x\to 0} \left[\frac{\Delta u(\beta;x)}{u_c(\beta;x)}\right] = 0 \tag{9.5.17}$$

$$\lim_{x\to\infty} \left[\frac{\Delta u(\beta;x)}{u_c(\beta;x)}\right] = 0 \tag{9.5.18}$$

$$\lim_{\beta\to\infty} \left[\frac{\Delta u(\beta;x)}{u_c(\beta;x)}\right] = 0 \qquad x>0 \tag{9.5.19}$$

Relacje (9.5.17)-(9.5.19) utrzymują się również, jeśli mianownikiem jest $u_\beta(x)$.

W przypadku β = *10* przybliżenie (9.5.11) pokazano na rysunku 12 poniżej.

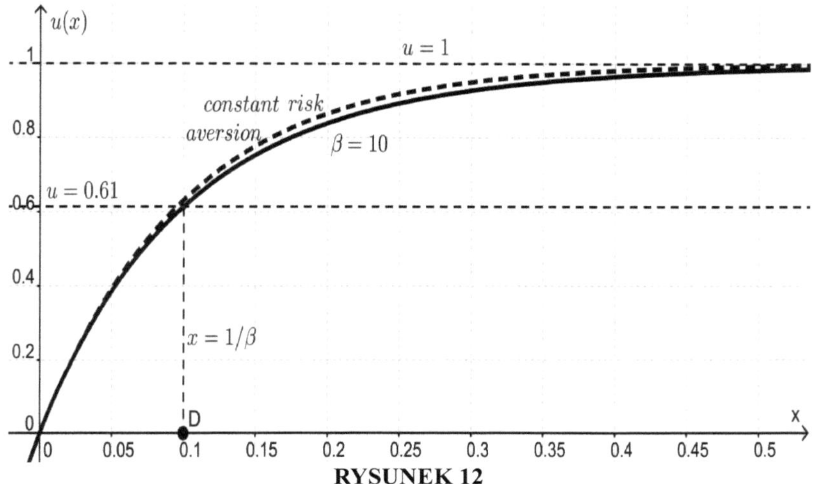

RYSUNEK 12

Uogólnione limity użytkowe Bernoulliego dla zakładów użyteczności publicznej o stałej awersji do ryzyka

Wizualnie, na rysunku 12 powyżej, przydatność zbliżenia jest doskonała.

Jednakże wskaźnik awersji do ryzyka (7,11), zmniejszający się do zera, nie może być w pełni zbliżony do dużej stałej (9,5,3). Utrzymują się następujące nierówności:

$$\lambda_{\beta}(x) < \lambda_C(\beta) \qquad \text{MFF} \quad x > \frac{1}{\beta} \qquad (9.5.20)$$

Tak więc, na powyższym rysunku 6: jeżeli *x znajduje się po* prawej stronie pola *ABCD*, wówczas wskaźnik awersji do ryzyka λ jest mniejszy niż odpowiadająca mu wartość β stałej awersji do ryzyka; a jeżeli *x* znajduje się wewnątrz tego pola, wówczas λ jest większe niż β .

Na rysunku 12 powyżej widzimy, że jeżeli β = *10* , to przy *x = 1/ β* użyteczność wynosi w przybliżeniu *u = 0,61* . Tak więc, jeśli narzędzie ma większą wartość, to wskaźnik awersji do ryzyka jest już mniejszy niż odpowiadająca mu stała *10* .

Dla użyteczności krańcowej (7.12) sprawdźmy przybliżenie

$$\textit{duży } \beta \qquad \rho_{\beta}(x) \approx \rho_C(\beta; x) \qquad \textit{zbliżenie} \qquad (9.5.21)$$

Dla odchylenia bezwzględnego, podobne relacje do (9.5.14)-(9.5.16) trzymać. W przypadku $\beta = 10$ przybliżenie (9.5.21) pokazano na rysunku 13 poniżej.

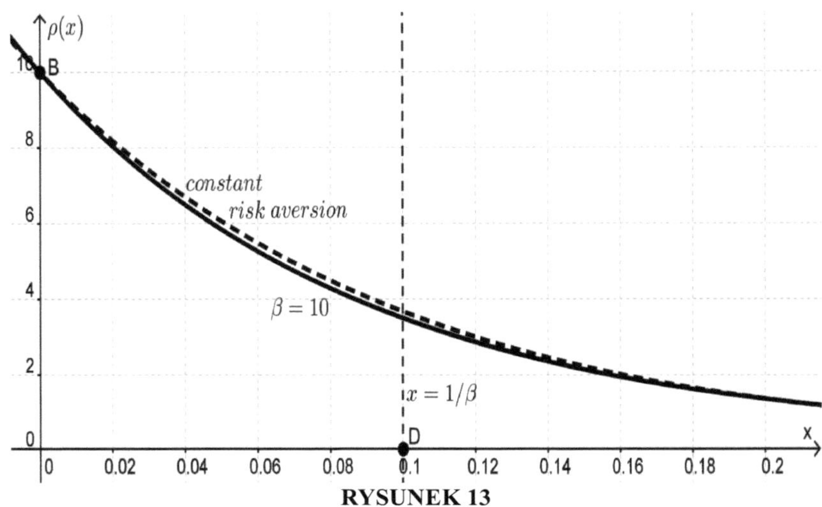

RYSUNEK 13

Marginalne limity użytkowe w przypadku awersji do stałego ryzyka

Przybliżenie wydaje się być idealne.

Są jednak pewne niuanse. Po pierwsze, należy zauważyć, że absolutne odchylenie

$$\Delta\rho(\beta;x) = \rho_C(\beta;x) - \rho_\beta(x) \qquad (9.5.22)$$

mogą być zarówno pozytywne jak i negatywne. W przypadku wystarczająco dużego β lub x, jest on ujemny. W tym przypadku jednak wartość odchylenia (9.5.22) jest mała i zmniejsza się do zera.

Po drugie, odpowiednie odchylenia względne dostarczają nam pewnych niespodzianek[31]:

$$\lim_{x\to\infty}\left[\frac{\Delta\rho(\beta;x)}{\rho_C(\beta;x)}\right] = -\infty \qquad (9.5.23)$$

31 Do obliczenia wymaganych limitów wykorzystaliśmy zasadę L'Hospitala.

$$\lim_{\beta \to \infty} \left[\frac{\Delta\rho(\beta;x)}{\rho_C(\beta;x)}\right] = -\infty$$

$x > 0$ (9.5.24)

$$\lim_{x \to \infty} \left[\frac{\Delta\rho(\beta;x)}{\rho_\beta(x)}\right] = -1$$

(9.5.25)

$$\lim_{\beta \to \infty} \left[\frac{\Delta\rho(\beta;x)}{\rho_\beta(x)}\right] = -1$$

$x > 0$ (9.5.26)

Porównaj z analogiczną cechą (patrz (9.3.16) i (9.3.18)) przybliżenia (9.3.4) w przypadku małych wartości parametru β .

Tutaj nie wchodzimy w badanie niuansów (9.5.23)-(9.5.26) powyżej.

Po trzecie, zamiast (9.5.21), można by pokusić się o zastosowanie przybliżenia

$$\rho_\beta(x) \approx \rho_C(\beta + 1 ; x) \qquad (9.5.27)$$

Przybliżenie (9,5,27) jest dobre. Pozostajemy jednak zadowoleni z przybliżenia (9.5.21), które zapewnia nam idealne dopasowanie wykresów na rysunku 13 powyżej.

Należy zwrócić uwagę, że dla wartości oczekiwanych *x,* odpowiadających przybliżeniu (9.5.21), mieści się również (patrz wzory (6.8) i (7.19)):

$$\langle x \rangle_C = \int_0^\infty x \cdot \rho_C(\beta;x) \cdot dx = \frac{1}{\beta} \qquad \textit{oczekiwany}\ x\ (9.5.28)$$

$$\langle x \rangle_\beta = \int_0^\infty x \cdot \rho_\beta(x) \cdot dx = \frac{b}{\beta - 1} \qquad \textit{oczekiwany}\ x\ (9.5.29)$$

Jeśli użyteczność krańcowa ma postać zwykłą (7.12), jak założyliśmy (tzn. jeżeli $b = 1$ (7.10)), wówczas

$$b=1 : \langle x \rangle_\beta = \int_0^\infty x \cdot \rho_\beta(x) \cdot dx = \frac{1}{\beta - 1} \qquad (9.5.30)$$

a poniższe przybliżenie odnosi się do wartości oczekiwanych x :

$$duży\ \beta \qquad \langle x\rangle_C \approx \langle x\rangle_\beta \qquad oczekiwany\ x \quad (9.5.31)$$

Niemniej jednak wskaźnik awersji do ryzyka (7,11) znacznie odbiega od wskaźnika stałego (9,5,3). W przypadku β = *10* odchylenie to zostało zilustrowane na rysunku 14 poniżej.

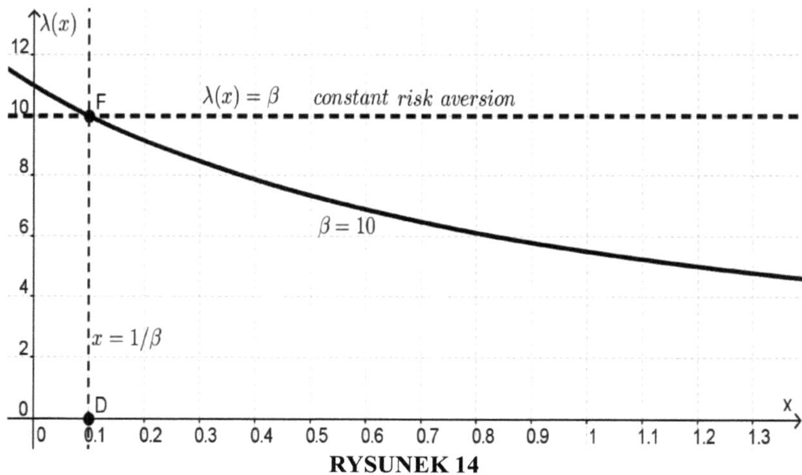

RYSUNEK 14

Wskaźnik awersji do ryzyka dla uogólnionej użyteczności Bernoulliego i dla stałej awersji do ryzyka (Constant Risk Aversion)

Na rysunku 14 powyżej, *F* jest punktem przecięcia się wykresów dla uogólnionego wskaźnika awersji do ryzyka Bernoulliego (7.11) i dla wskaźnika stałego (9.5.3). W tym punkcie, $x = 1/\beta$. Jeśli następnie x wzrasta do nieskończoności, wówczas wskaźnik (7.11) zmniejsza się do zera.

Z faktu, że media na powyższym rysunku 12 doskonale do siebie pasują, podczas gdy awersje do ryzyka na rysunku 14 drastycznie się różnią, wnioskujemy, że warunek bycia funkcją użytkową ze stałą awersją do ryzyka jest niestabilny - przynajmniej w przypadku awersji do ryzyka dużego.

Być może za podstawowe pojęcie należy uznać pojęcie awersji do ryzyka - a nie pojęcie użyteczności.

Rozważmy również ponownie ukształtowany wskaźnik awersji do ryzyka $\lambda(x)/\beta$. Wzory (7.11) i (9.5.3) podają nam zależność

$$\frac{\lambda_{\beta}(x)}{\lambda_{c}(\beta)} = \frac{\lambda_{\beta}(x)}{\beta}$$

$$= \frac{1 \quad +1 \quad /\beta}{x \quad +1} \qquad (9.5.32)$$

Tak więc (patrz też (9.2.5) i (9.3.1)), podsumujmy nasze porównania awersji do ryzyka:

$$\lambda_{\beta}(x) > \lambda_{B}(x)$$

$$= \frac{1}{x \quad +1} \qquad (9.5.33)$$

$$_{\beta}L \quad im_{\to 0} \; \lambda_{\beta}(x) = \lambda_{B}(x) \qquad (9.5.34)$$

$$\frac{\lambda_{\beta}(x)}{\beta} > \lambda_{B}(x) =$$

$$\frac{1}{x \quad +1} \qquad (9.5.35)$$

$$_{\beta}L \quad im_{\to\infty}\left[\frac{\lambda_{\beta}(x)}{\beta}\right] = \lambda_{B}(x) \qquad (9.5.36)$$

Relacje (9.5.35) i (9.5.36) wynikają z wzoru (9.5.32).

Konwergencja (9,5,36) została zilustrowana na rysunku 15 poniżej.

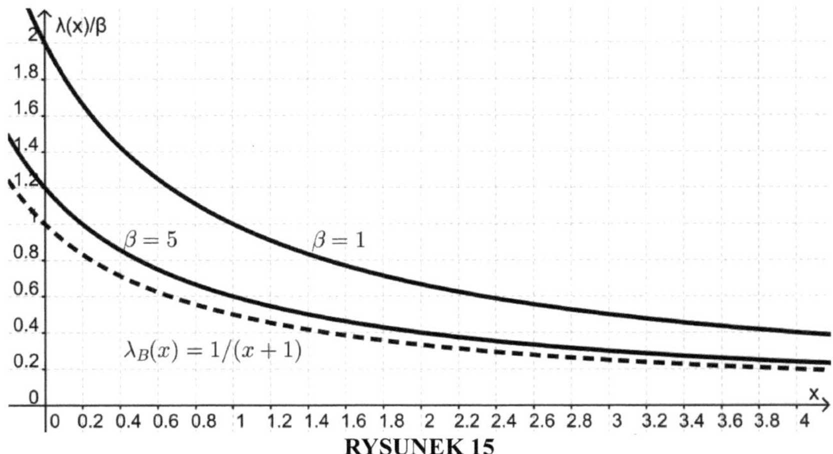

RYSUNEK 15

Znormalizowany wskaźnik wartości granicznych awersji do ryzyka do wskaźnika Bernoulliego

Należy pamiętać, że wykresy na rysunkach 15 i 8 są identyczne. Jest to naturalne, ponieważ uogólniony wskaźnik awersji do ryzyka Bernoulliego (7.11) spełnia następującą zaskakującą zależność:

$$\frac{\lambda_{\beta}(x)}{\beta} = \lambda_{(1/\beta)}(x) \qquad (9.5.37)$$

Na koniec zauważmy, że uogólnione funkcje Bernoulliego (7.5)-(7.7) zależą od dwóch dodatnich liczb rzeczywistych - można je scharakteryzować parą $\{\beta; b\}$. Porównaliśmy funkcje z różnymi wartościami parametru β przy zachowaniu stałej wartości parametru *b*. Jednostkę *x* wybrano tak, aby w punkcie $x = 1$ wskaźnik awersji do ryzyka (7,5) był dwukrotnie mniejszy niż w punkcie $x = 0$. Wybór ten odpowiada wartości $b = 1$.

10. Argument "Użyteczność jako funkcja" (Utility as a Functions)

W niniejszym rozdziale będziemy rozważać narzędzie jako argument lub wkład funkcji.

Niech *u(x)* będzie jakąś funkcją użytkową, rosnącą w *x* . Wtedy jej odwrotna funkcja jest jednoznacznie zdefiniowana:

$$u(x) \qquad \textit{Narzędzie} \qquad (10.1)$$

$$\rho(x) = \frac{d}{dx}u(x) > 0 \qquad \textit{Pozytywny marginalny użytek} \qquad (10.2)$$

$$x(u) \qquad \textit{odwrotna funkcja użytkowy} \qquad (10.3)$$

Wszystkie te funkcje użytkowe, które do tej pory uważaliśmy za spełniające ten wymóg (10.2). Jednakże warunek (10.2) jest bardziej rygorystyczny niż nasz początkowy aksjomat (5.4).

Niech *f(x)* będzie pewną funkcją *x* . Jeśli warunek (10.2) jest spełniony, to może być przedstawiony jako funkcja użytkowa:

$$f(x) = f[x(u)] = f(u) \qquad (10.4)$$

Na przykład, we wzorze (3.16) użyliśmy takiej notacji.

10.1 Uogólnione funkcje Bernoulliego jako funkcje użytkowe (Generalized Bernoulli's Functions as the Functions of Utility)

W swojej normalnej formie (*b = 1*), uogólnione funkcje Bernoulliego (7.11)-(7.13) prowadzą nas do następujących formuł:

$$x_\beta(u) = \frac{1}{(1\text{-}u)^{1/\beta}}\text{-}1$$ *odwrotna funkcja użytkowy* (10.1.1)

$$\rho_\beta(u) = \beta \cdot (1\text{-}u) \cdot (1\text{-}u)^{1/\beta}$$ *marginalny użytek* (10.1.2)

$$\lambda_\beta(u) = (1+\beta) \cdot (1\text{-}u)^{1/\beta}$$ *wskaźnik awersji do ryzyka* (10.1.3)

Należy zauważyć, że domena argumentu *u* musi spełniać (patrz aksjomat (5.2)) warunek

$$0 \leqslant u \leqslant 1$$ *domena* (10.1.4)

W przypadku $u = 1/2$, wzór (10.1.1) prowadzi nas do określenia mediany (7.29); wzór (10.1.2) podaje nam wzór (9.4.2); a wzór (10.1.3) podaje nam wzór (9.4.3).

W punkcie 9.4 odnieśliśmy się do następującej cechy funkcji (10.1.2) i (10.1.3). Dla stałej niezerowej użyteczności *u* (w pkt 9.4 wybraliśmy $u = 1/2$): jeśli parametr β spada, wówczas zarówno krańcowa użyteczność (pkt 10.1.2), jak i wskaźnik awersji do ryzyka (pkt 10.1.3) szybko maleją do zera.

W terminologii z sekcji 6 (zob. przypis 16), krańcowa użyteczność jako funkcja użyteczności - $\rho(u)$ - jest gęstością prawdopodobieństwa jako funkcją rozkładu skumulowanego.

10.2 Bernoulliańska marginalna użyteczność jako funkcja użyteczności publicznej

Jeśli chcemy użyć odwrotnej funkcji użyteczności (10.3), to ulepszone funkcje Bernoulliego (9.2.1) i (9.2.4) prowadzą nas do następujących formuł:

$$x_B(\beta;u) = e^{u/\beta} - 1 \qquad (10.2.1)$$

$$\rho_B(\beta;u) = \frac{\beta}{e^{u/\beta}} \qquad \textit{marginalny użytek} \qquad (10.2.2)$$

$$0 \leqslant u \qquad \textit{domena} \qquad (10.2.3)$$

Należy pamiętać, że domeny (10.1.4) i (10.2.3) są różne.

Godne uwagi jest to, że oryginalna funkcja użytkowa Bernoullego (2.4) prowadzi dokładnie do tego samego wzoru na krańcową użyteczność, co (10.2.2). Aby to zobaczyć, napiszmy to narzędzie w następujący sposób:

$$u(x) = \beta \cdot ln(x) \qquad \textit{Bernoulli'ego pierwotny użytek} \qquad (10.2.4)$$

Następnie, mimo że odwrotna funkcja użyteczności *x(u) różni* się nieco od (10.2.1), dla użyteczności krańcowej podajemy dokładnie wzór (10.2.2). Jedyna różnica polega na tym, że znika ograniczenie (10.2.3) dotyczące dziedziny użyteczności *u*.

Niuanse te pokazują, że użycie narzędzia jako wejścia funkcji może być zwodnicze. Można stracić wgląd w domeny funkcji. Co więcej, tracimy informacje o zależności od argumentu *x*. Na naszych rysunkach poniżej staramy się złagodzić te zagrożenia.

10.3 Marginalna użyteczność jako funkcja użyteczności publicznej Ograniczenie do sprawy Bernoulliego

Rozważmy przypadek, gdy parametr β jest mały.
Wykorzystamy następujące zależności matematyczne:

$$0 < \left(1 - \frac{1}{z}\right)^{z} < \frac{1}{e} \qquad z > 0 \qquad (10.3.1)$$

$$\lim_{z \to \infty} \left(1 - \frac{1}{z}\right)^{z} = \frac{1}{e} \qquad (10.3.2)$$

Powyżej, *e* jest liczbą Eulera, równą w przybliżeniu *2,72* .
Zdefiniujmy

$$\gamma = \frac{1}{\beta} \qquad (10.3.3)$$

Rozważamy więc przypadek dużych wartości γ .
Wzór (10.1.2) można teraz przedstawić w następujący sposób:

$$\rho_{(1/\gamma)}(u) = \frac{1}{\gamma} \cdot (1 - u) \cdot (1 - u)^{\gamma} \qquad (10.3.4)$$

Użyjmy małej wartości β jako jednostki użyteczności:

$$u = \beta \cdot w \qquad (10.3.5)$$

W odniesieniu do (10.3.3):

$$u = \frac{w}{\gamma} \qquad (10.3.6)$$

Teraz, we wzorze (10.3.4), termin o mocy γ można przedstawić w następujący sposób:

$$\left(1 - u\right)^{\gamma} = \left[\left(1 - \frac{1}{\gamma/w}\right)^{\gamma/w}\right]^{w} \qquad (10.3.7)$$

W przypadku stałego *w* (patrz wzór (10.3.2) powyżej) następuje następująca zależność:

$$\lim_{\gamma \to \infty}\left(1 - u\right)^{\gamma} = e^{-w} \qquad (10.3.8)$$

To prowadzi nas do pomysłu, że w przypadku małych β działa następujące przybliżenie:

$$\rho_{\beta}\left(u\right) \approx \left(1 - u\right) \cdot \beta \cdot e^{-u/\beta} \qquad (10.3.9)$$

Należy zauważyć, że w przypadku małego *u* termin *(1 - u) jest* zbliżony do *1* , ale jeśli *u* zbliża się do *1* , wówczas użyteczność krańcowa (10.1.2) zmniejsza się do zera. Należy również zauważyć, że w przypadku *u* = *1* i małego β bernuliańska użyteczność marginalna (10.2.2) jest mała.

Tak więc (definicje, patrz (10.1.2) i (10.2.2)), mamy duże szanse, że poniższe przybliżenie ma zastosowanie:

mały β;u $\rho_\beta(u) \approx \rho_B(\beta;u)$ *Zbliżenie* (10.3.10)

Używając wzorów (10.3.1) i (10.3.7), można również udowodnić nierówność

$$\rho_\beta(u) \leqslant \rho_B(\beta;u) \qquad (10.3.11)$$

Dla przypadku β = *0,1*, przybliżenie (10.3.10) zilustrowano na rysunku 16 poniżej.

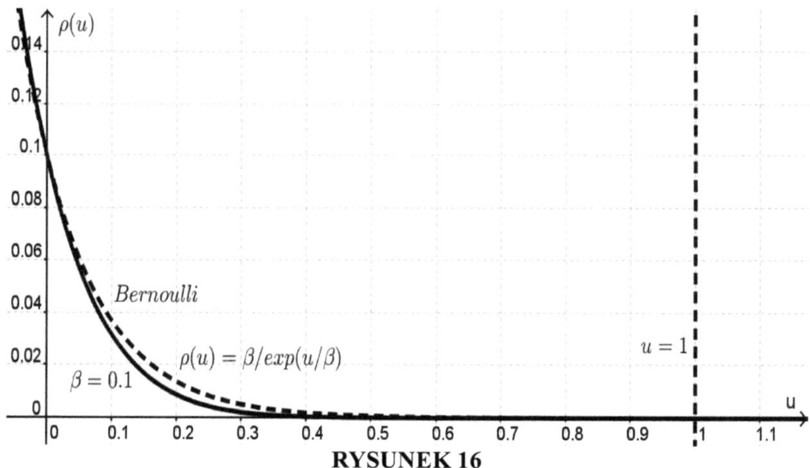

RYSUNEK 16

Marginalna użyteczność jako funkcja limitów użyteczności w sprawie Bernoulliego

Na rysunku 16 powyżej, sprawność wykresów jest jeszcze lepsza niż się spodziewaliśmy. Należy zauważyć, że uogólniona użyteczność Bernoullego (7.13) nie jest zdefiniowana dla przypadku $u > 1$ (patrz warunek (10.1.4) powyżej). Zatem nie jest on zdefiniowany po prawej stronie linii prostej $u = 1$ pokazanej na rysunku.

10.4 Marginalna użyteczność stałej awersji do ryzyka jako liniowej funkcji użyteczności

Jeżeli mamy zastosować odwrotną funkcję użyteczności (10.3), to funkcje (9.5.1) i (9.5.2), odpowiadające stałej awersji do ryzyka, prowadzą nas do następujących formuł:

$$x_C(\beta;u) = (-1)\frac{1}{\beta}\cdot \ln(1-u) \quad 0 \leqslant u \leqslant 1 \qquad (10.4.1)$$

$$\rho_C(\beta;u) = \beta\cdot(1-u) \quad \textit{liniowa marginalna użyteczność} \qquad (10.4.2)$$

Ze wzorów (10.4.2) i (3.16) wynika bezpośrednio, że odpowiedni wskaźnik λ awersji do ryzyka jest stały: $\lambda = \beta$.

Przydatność krańcowa (10.4.2) jest liniowa w u . Jest to jedyna liniowa użyteczność marginalna, spełniająca warunki (6.1)-(6.5). Łatwo to sprawdzić: funkcja użytkowa (9.5.1) okazuje się być jedyną funkcją, spełniającą zarówno aksjomy (5.1)-(5.6), jak i poniższe równanie różniczkowe:

$$\frac{d}{dx}u(x) = A\cdot u(x) + B \qquad (10.4.3)$$

Powyżej, A i B to jakieś prawdziwe liczby.

Liniową krańcową użyteczność (10.4.2) zilustrowano na rysunku 17 poniżej.

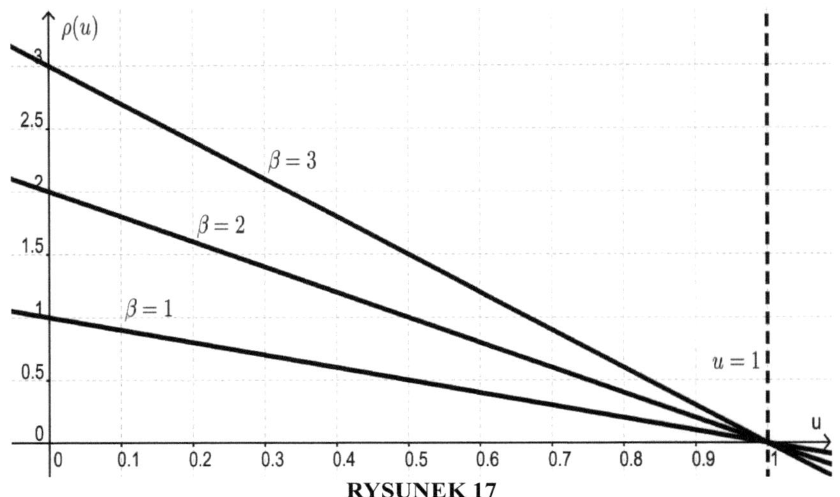

RYSUNEK 17

Liniowa marginalna użyteczność awersji do stałego ryzyka

10.5 Użycie marginalne jako funkcja zasilania disutility

Jeżeli oznaczyć $1/\beta = \gamma$ (10.3.3), to wzory na przydatność krańcową (10.1.2) i (10.4.2) mogą być wyrażone razem:

$$\rho(\gamma;u) = C \cdot (1-u)^{1+\gamma} \quad C>0 \quad \gamma \geqslant 0 \qquad (10.5.1)$$

Uogólniona marginalna użyteczność Bernoullego (10.1.2) odpowiada sprawie

$$\gamma>0 \quad C = 1/\gamma \qquad (10.5.2)$$

Krańcowa użyteczność o stałej awersji do ryzyka (10.4.2) odpowiada przypadkowi

$$\gamma = 0 \qquad (10.5.3)$$

Jeśli *u* jest użyteczne, to *(1 - u)* jest nazywane disutility.[32]

Tak więc, każda marginalna użyteczność (10.5.1) jest funkcją mocy disutility.

Można udowodnić, że każda marginalna funkcja użytkowa, czyli funkcja władzy, polegająca na dysutacji formy

$$\rho(\gamma;u) = C \cdot (1-u)^{z} \quad C>0 \qquad (10.5.4)$$

i odpowiada aksjomatom (6.1)-(6.3) (lub (5.1)-(5.5)) ma postać (10.5.1) (tj. $z \geqslant 1$) i odpowiada albo pewnej funkcji użytkowej o stałej awersji do ryzyka (1.1), albo pewnej uogólnionej funkcji użytkowej Bernoullego (7.7).

32 Równolegle: jeśli *u* jest prawdopodobieństwem wygranej w niektórych zakładach, to *(1 - u)* jest prawdopodobieństwem straty w tym zakładzie.

10.6 Użyteczność krańcowa jako funkcja użytkowa Ograniczenie do przypadku awersji do stałego ryzyka

We wzorze (10.1.2) na uogólnioną marginalną użyteczność Bernoulliego termin o mocy $1/\beta$ spełnia następującą zależność:

$$\lim_{\beta\to\infty}(1-u)^{1/\beta} = 1 \quad \text{jeśli } u<1 \qquad (10.6.1)$$

Prowadzi nas to do wniosku, że działa następująca aproksymacja liniowa (patrz wzory (10.1.2) i (10.4.2)):

$$\text{duży } \beta \quad \rho_\beta(u) \approx \rho_C(\beta;u)=\beta\cdot(1-u) \text{ zbliżenie} \qquad (10.6.2)$$

W przypadkach $u = 0$ i $u = 1$ banalnie obowiązuje ścisła równość.

Następująca nierówność ma miejsce:

$$\rho_\beta(u) \leqslant \rho_C(\beta;u) \qquad (10.6.3)$$

Odpowiednia równość obowiązuje wtedy i tylko wtedy, gdy $u = 0$ lub $u = 1$.

Należy zauważyć, że odpowiadające im wskaźniki λ awersji do ryzyka są równe w punkcie $x = 1/\beta$ (patrz wzór (9.5.20) powyżej). W tym momencie uogólniona użyteczność Bernoulliego (7.13) ma wartość równą $x = 1/\beta$ (patrz wzór (9.5.20) powyżej).

$$u_\beta\left(\frac{1}{\beta}\right) = 1-\frac{1}{\left(1+\frac{1}{\beta}\right)^\beta} < 1-\frac{1}{e} \qquad (10.6.4)$$

Tak więc, utrzymuje się następująca relacja:

$$L_{\beta} = \lim_{\beta \to \infty} u_{\beta}\left(\frac{1}{\beta}\right) = 1-\frac{1}{e} \approx 0.63 \qquad (10.6.5)$$

Wynika z tego, że jeżeli użyteczność *u* jest większa niż wartość (10.6.5), wówczas - niezależnie od wartości parametru β - uogólniony wskaźnik Bernoulliego λ awersji do ryzyka (7.11) jest mniejszy niż odpowiadająca mu stała wartość β (9.5.3):

$$\forall \beta > 0 \text{ jeśli } u > 1-\frac{1}{e} \quad \text{następnie} \quad \lambda_{\beta}(u) < \lambda_{C}(\beta) = \beta \qquad (10.6.6)$$

Na poniższych danych liczbowych dotyczących użyteczności marginalnej staramy się przekazać takie informacje dotyczące wskaźników awersji do ryzyka.

W przypadku β = *10* , przybliżenie (10.6.2) przedstawiono na rysunku 18 poniżej.

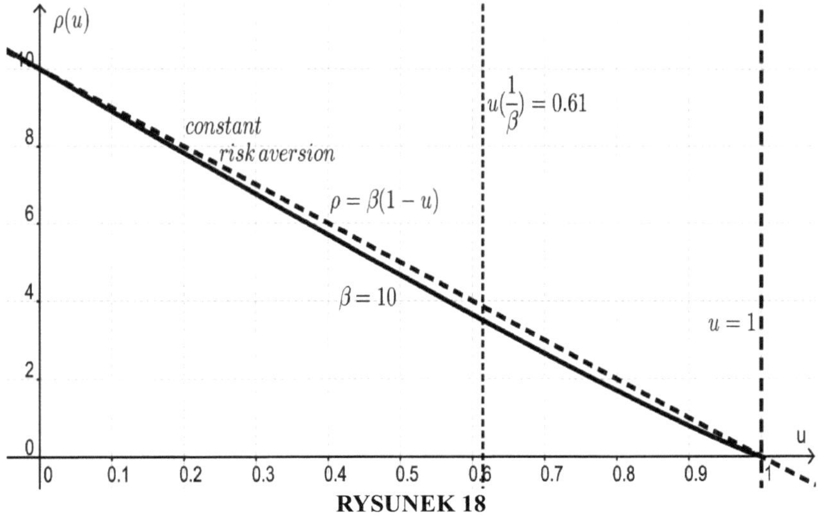

RYSUNEK 18

Marginalna użyteczność jako funkcja limitów użyteczności dla przypadku liniowego

Na rysunku 18 powyżej, przydatność wykresów wydaje się być idealna. Jednak wizualne podobieństwo narzędzi marginalnych na tym rysunku kryje w sobie informacje o istotnych różnicach.

Po pierwsze, w chwili obecnej u(1/10) ≈ 0.61 Przedstawione na rysunku jako linia prosta, odpowiednie wskaźniki λ awersji do ryzyka są równe. Z wartości *0,63* powyższego wzoru (10,6,5) pozostało tylko nieznacznie niewiele. Po lewej stronie tej linii prostej wskaźniki awersji do ryzyka nie różnią się o więcej niż *10%* . Natomiast po prawej stronie tej linii prostej wskaźnik awersji do ryzyka dla uogólnionej użyteczności Bernoulliego zmniejsza się do zera.

Po drugie, linia prosta $u = 0,61$ odpowiada małej wartości bogactwa: $x = 1/\beta = 0,1$. Tak więc, prawie cała nieskończoność *osi x* jest zawarta w przedziale $0.61 \leqslant x \leqslant 1$.

Po trzecie, zgodnie ze wzorem (3.16), wartość bezwzględna pochodnej funkcji $\rho(u)$ *jest równa* wskaźnikowi λ awersji do ryzyka. - Następnie, w jaki sposób awersja do ryzyka dla uogólnionej granicy użyteczności Bernoulliego może być zerowa, jeżeli - wizualnie - odpowiadająca jej krańcowa użyteczność na powyższym rysunku 18 ogranicza funkcję liniową? - Odpowiedź polega na tym, że jeśli *u zbliża* się do wartości *1* , to funkcja użyteczności krańcowej $\rho_\beta(u)$ nagle uzyskuje znaczną krzywiznę.

W tym momencie odłożymy na później kwestię krzywizny funkcji użyteczności marginalnej.

Na rysunku 18 powyżej, jeżeli parametr β zwiększa się, to maksymalne $\rho(0)$ przesuwa się w górę (patrz rysunek 17 powyżej). Aby porównać odchylenia aproksymacji (10.6.2) dla różnych wartości parametru β, wygodnie jest użyć ponownie ukształtowanych narzędzi marginalnych:

$$\frac{\rho_\beta(u)}{\rho_\beta(0)} = \frac{\rho_\beta(u)}{\beta} = (1-u)^{1+\frac{1}{\beta}} \qquad (10.6.7)$$

Ponownie sformułowany marginalny użytek

$$\frac{\rho_C(\beta;u)}{\rho_C(\beta;0)} = \frac{\rho_C(\beta;u)}{\beta} = 1-u \qquad (10.6.8)$$

Ponownie sformułowany marginalny użytek

Przekształcone krańcowe obiekty użyteczności publicznej (10.6.7) i (10.6.8) przedstawiono na rysunku 19 poniżej.

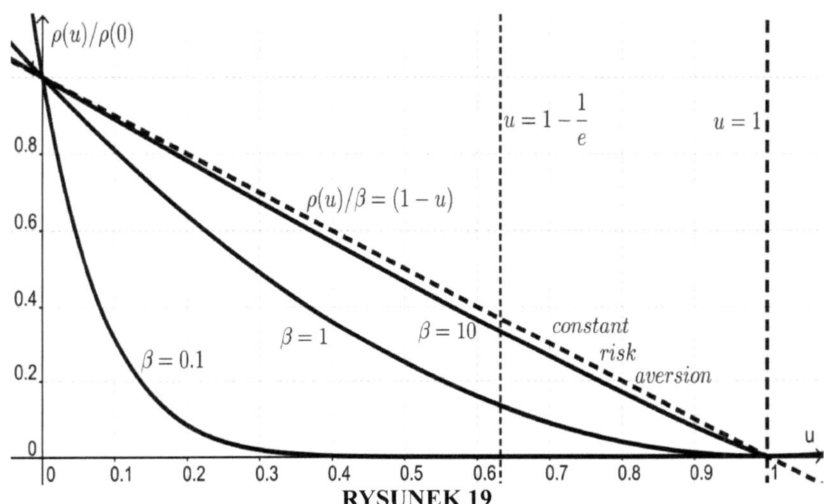

RYSUNEK 19

Ponownie zdeformowana marginalna użyteczność jako funkcja limitów użyteczności dla przypadku liniowego

Na rysunku 19 powyżej, linia prosta $u=1-1/e \approx 0.63$ odpowiada powyższemu wzorowi (10.6.5). Zatem jeżeli użyteczność *u znajduje się po* prawej stronie tej linii prostej, wówczas uogólniony wskaźnik awersji do ryzyka Bernoulliego λ (7.11) jest zdecydowanie mniejszy niż odpowiadająca mu wartość β stałej awersji do ryzyka (9.5.3).

10.7 Wskaźnik awersji do ryzyka jako funkcja użytkowa

We wzorach (10.1.2), (10.2.2) i (10.4.2) powyżej, marginalna użyteczność jest przedstawiona jako funkcja użyteczności. Zgodnie ze wzorem (3.16), wskaźnik awersji do ryzyka λ - w funkcji użyteczności - jest równy minusowi pochodnej od odpowiadającej mu krańcowej użyteczności. Otrzymujemy zatem następujące wzory (poniżej powtórzymy wzór (10.1.3)):

$$\lambda_\beta(u) = (1+\beta)\cdot(1\text{-}u)^{1/\beta} \quad \textit{uogólniony Bernoulli} \quad (10.7.1)$$

$$\lambda_B(\beta;u) = \frac{1}{e^{u/\beta}} \quad \textit{ulepszony Bernoulli} \quad (10.7.2)$$

$$\lambda_C(\beta) = \beta \quad \textit{stała awersja do ryzyka} \quad (10.7.3)$$

W przypadku małego β , użyjmy zapisu β = *1/γ* (10.3.3) i *u* = *βw* (10.3.5). Następnie funkcja (10.7.1) może być przedstawiona w następujący sposób:

$$\lambda_{(1/\gamma)}\left(\frac{w}{\gamma}\right) = \left(1+\frac{1}{\gamma}\right)\cdot\left[\left(1-\frac{1}{\gamma/w}\right)^{\gamma/w}\right]^{w} \quad (10.7.4)$$

Tak więc w przypadku stałego *w* obowiązuje następująca zależność (patrz wzór (10.3.2) powyżej):

$$\lim_{\gamma\to\infty}\lambda_{(1/\gamma)}\left(\frac{w}{\gamma}\right) = e^{-w} \quad (10.7.5)$$

To prowadzi nas do pomysłu, że działa następujące przybliżenie:

$$\textit{mały } \beta \quad \lambda_\beta(u) \approx \lambda_B(\beta;u) \quad \textit{zbliżenie} \quad (10.7.6)$$

Należy zauważyć, że jeśli *u* jest blisko *1*, a β jest małe, to (10.7.1) i (10.7.2) oba są małe.

W przypadku β = *0,2*, przybliżenie (10.7.6) przedstawiono na rysunku 20 poniżej.

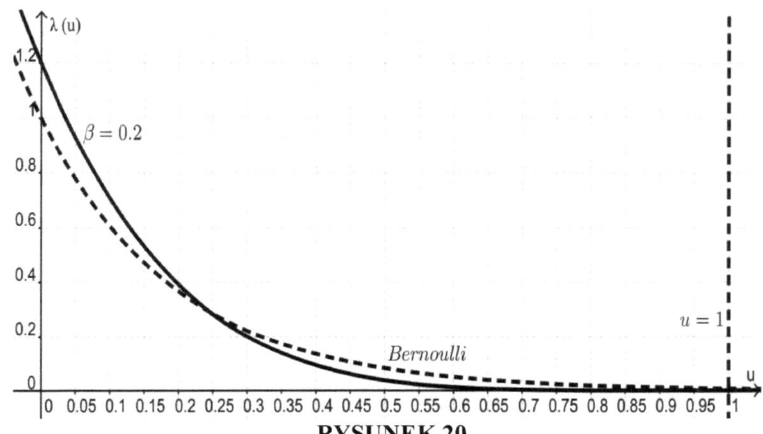

RYSUNEK 20

Wskaźnik awersji do ryzyka w funkcji limitów użyteczności w sprawie Bernoulliego

Na rysunku 20 powyżej, przybliżenie wydaje się być dopuszczalne. Należy jednak zauważyć, że w przypadku uogólnionego wskaźnika awersji do ryzyka Bernoulliego (10.7.1) argument u nie jest zdefiniowany dla przypadku $u > 1$.

Nie ma nadziei na uzyskanie pełnej skali przybliżenia do wskaźnika stałej awersji do ryzyka (10.7.3), przy zastosowaniu wskaźnika (10.7.1), który zmniejsza się do zera, jeśli *u zbliży* się do *1* .

Niemniej jednak sensowne jest porównanie funkcji (10.7.1) i (10.7.3) w przypadku dużych wartości parametru β . Na rysunku 21 poniżej wybrano wartość $\beta = 10$.

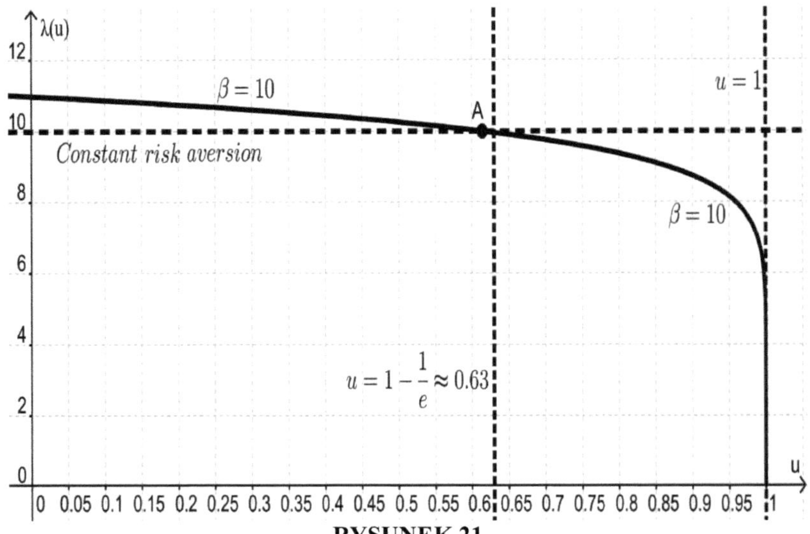

RYSUNEK 21

Wskaźnik awersji do ryzyka jako funkcja użytkowa oraz wskaźnik stałej awersji do ryzyka

Na rysunku 21 powyżej, w punkcie *A* wskaźniki awersji do ryzyka (10.7.1) i (10.7.3) są równe. W tym punkcie (patrz wzór (9.5.20) powyżej), $x = 1/\beta = 1/10 = 0{,}1$ oraz $u \approx 0.61$. Punkt *A* jest tylko nieznacznie oddalony od wartości (10.6.5), pokazanej na rysunku jako linia prosta.

Zauważ, że na rysunku 21 powyżej, blisko $u = 1$, wykres dla funkcji (10.7.1) szybko spada. Należy jednak porównać z rysunkiem 14 powyżej, gdzie wybrano tę samą wartość $\beta = 10$. Na skali x rysunek jest zupełnie inny. Jeżeli chcemy wykorzystać odwrotną funkcję użytkową (10.1.1), to możemy obliczyć, na przykład, że (patrz rysunek 21 powyżej) $x(u{=}0.95) \approx 0.35$ i $x(u{=}0.99) \approx 0.58$. W przypadku dużych wartości parametru β , funkcja użytkowa *u(x) szybko się* zwiększa (patrz rysunek 12 powyżej, gdzie wybrano tę samą wartość $\beta = 10$).

10.8 Wskaźnik awersji do ryzyka jako liniowa funkcja użytkowa

W przypadku $\beta = 1$, co odpowiada prostej funkcji użytkowej (7.15), wskaźnik awersji do ryzyka (10.7.1) jest funkcją liniową użyteczności:

$$\lambda_1(u) = 2 \cdot (1 - u) \qquad \beta = 1 \qquad (10.8.1)$$

Jednak uogólniona funkcja użytkowa Bernoullego (7.13) nie jest jedyną funkcją użytkową, która zapewnia nam wskaźnik awersji do ryzyka λ , liniowy w u . Według naszych obliczeń istnieją dwa inne rodzaje funkcji użytkowych, spełniające zarówno warunki (5.1)-(5.5), jak i warunek

$$\lambda(u) = A \cdot u + B \qquad (10.8.2)$$

gdzie A i B to jakieś prawdziwe liczby. Jedna z nich jest jednak z rosnącym wskaźnikiem awersji do ryzyka, podczas gdy druga z malejącym wskaźnikiem awersji do ryzyka, nie ograniczającym się do zera. W związku z tym pominiemy te funkcje w obecnym dochodzeniu.

Wskaźnik awersji do ryzyka (10.8.1), liniowy w u , został przedstawiony na rysunku 22 poniżej.

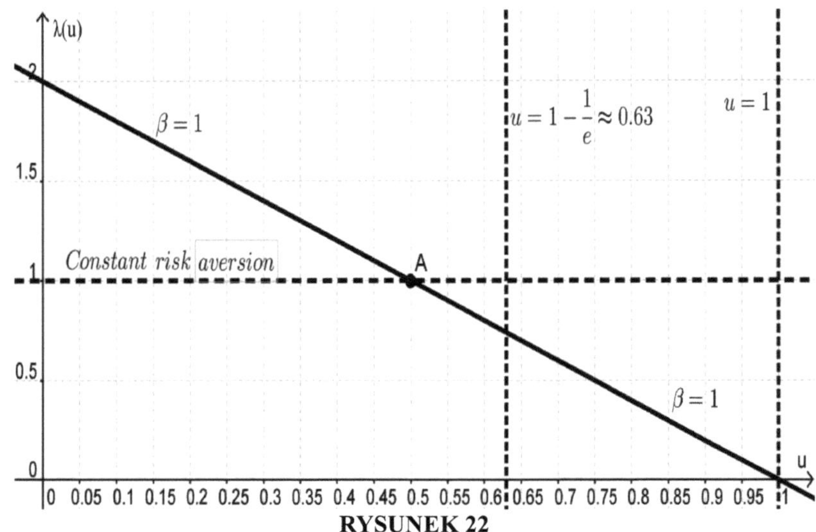

RYSUNEK 22

Wskaźnik awersji do ryzyka jako liniowa funkcja użytkowa

Na powyższym rysunku 22 wykresy dla wskaźników awersji do ryzyka (10.7.3) i (10.8.1) przecinają się w punkcie *A* . W tym punkcie $u = 1/2$ i $x = 1$.

10.9 Pochodne wskaźnika awersji do ryzyka w funkcji użytkowej

W odniesieniu do rysunku 18 powyżej (gdzie $\beta = 10$), zadeklarowaliśmy przy wartości $u = 1$ funkcję użyteczności krańcowej w celu uzyskania znaczącej krzywizny. Zgodnie ze wzorem (3.16) wskaźnik awersji do ryzyka λ jest równy minusowi pochodnej od użyteczności krańcowej. I rzeczywiście, na rysunku 21 powyżej (gdzie $\beta = 10$), przy wartości $u = 1$ *wskaźnik awersji do ryzyka* szybko maleje.

Jednakże na rysunku 20 powyżej (gdzie $\beta = 0{,}2$), w pobliżu wartości $u = 1$, wskaźnik awersji do ryzyka wydaje się być stale bliski zeru.

A na rysunku 22 powyżej (gdzie $\beta = 1$) wskaźnik awersji do ryzyka jest liniowy.

To, co mamy, to pewnego rodzaju niestabilność.

Obliczmy pochodną funkcji (10.7.1):

$$\frac{d}{du}\left[\lambda_\beta(u)\right] = (-1)^{\frac{1+\beta}{\beta}} \cdot (1-u)^{-\left(\frac{\beta-1}{\beta}\right)} \qquad (10.9.1)$$

Tutaj istotne jest, czy termin *(β - 1)* jest dodatni, ujemny czy zerowy (dlatego pomocne może być użycie zapisu α = *β - 1* (7.22)).

Tak więc, jeśli *u zbliży* się do *1* , pojawia się następująca niestabilność:

$$\lim_{u\to 1}\left[\frac{d}{du}\lambda_\beta(u)\right] = -\infty \quad \text{jeśli } \beta > 1 \qquad (10.9.2)$$

$$\lim_{u\to 1}\left[\frac{d}{du}\lambda_\beta(u)\right] = 0 \quad \text{jeśli } \beta < 1 \qquad (10.9.3)$$

$$\lim_{u\to 1}\left[\frac{d}{du}\lambda_\beta(u)\right] = -2 \quad \text{jeśli } \beta = 1 \qquad (10.9.4)$$

Ta niestabilność (10.9.2)-(10.9.4) została zilustrowana na rysunku 23 poniżej.

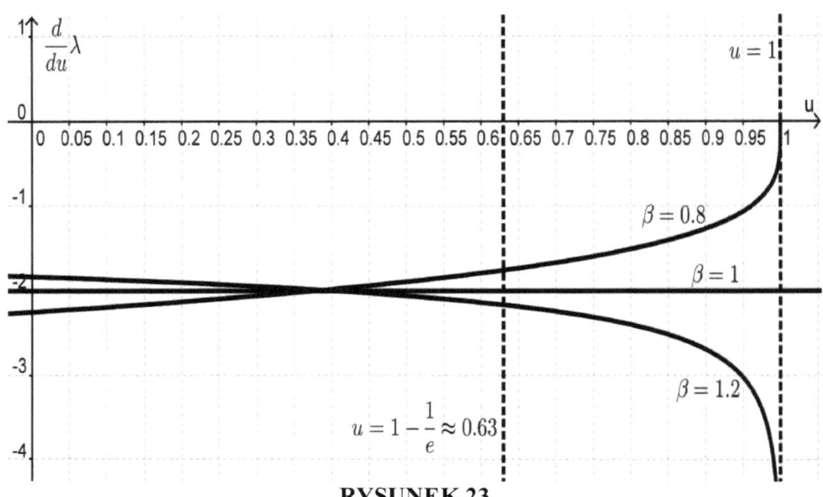

RYSUNEK 23

Pochodny wskaźnik awersji do ryzyka (Derivative of the Risk Aversion Indicator)

Na rysunku 23 powyżej zilustrowano, że nasza piękna funkcja użytkowa (7.15), odpowiadająca wartości $\beta = 1$, jest rzeczywiście wyjątkowa: jest jedyną uogólnioną funkcją użytkową Bernoulliego (7.13), w przypadku której wskaźnik awersji do ryzyka λ - jako funkcja użytkowa u - posiada pochodną, nie ograniczającą się do nieskończoności lub do zera, jeśli użyteczność *u zbliża* się do jednej.

10.10 Wskaźnik i symetria przywróconej awersji do ryzyka (Re-normed Risk Aversion Indicator and Symmetry)

Aby porównać wskaźniki λ awersji do ryzyka, odpowiadające różnym wartościom parametru β , wygodnie jest użyć ponownie sformułowanych wskaźników (definicja λ znajduje się w ppkt 10.7.1):

$$f_\beta(u) = \frac{\lambda_\beta(u)}{\lambda_\beta(0)} = \frac{\lambda_\beta(u)}{1+\beta} = (1\text{-}u)^{1/\beta} \textit{wskaźniki zreformowane} \qquad (10.10.1)$$

awersja do ryzyka

Następująca relacja ma miejsce:

$$0 \leqslant \frac{\lambda_{\beta}(u)}{1+\beta} \leqslant 1 \qquad (10.10.2)$$

Odpowiednie równania są ważne tylko w szczególnym przypadku $u = 0$ lub $u = 1$.

Zauważ, że jeśli wejściem funkcji jest bogactwo x , to wszystkie funkcje (10.10.1) są identyczne (patrz wzory (7.11) i (9.2.5) powyżej), równe ulepszonemu wskaźnikowi awersji do ryzyka Bernoulliego:

$$\frac{\lambda_{\beta}(x)}{\lambda_{\beta}(0)} = \frac{\lambda_{\beta}(x)}{1+\beta} = \frac{1}{x+1} = \lambda_{B}(x) \qquad (10.10.3)$$

Znowelizowane wskaźniki awersji do ryzyka (10.10.1) zilustrowano na rysunku 24 poniżej.

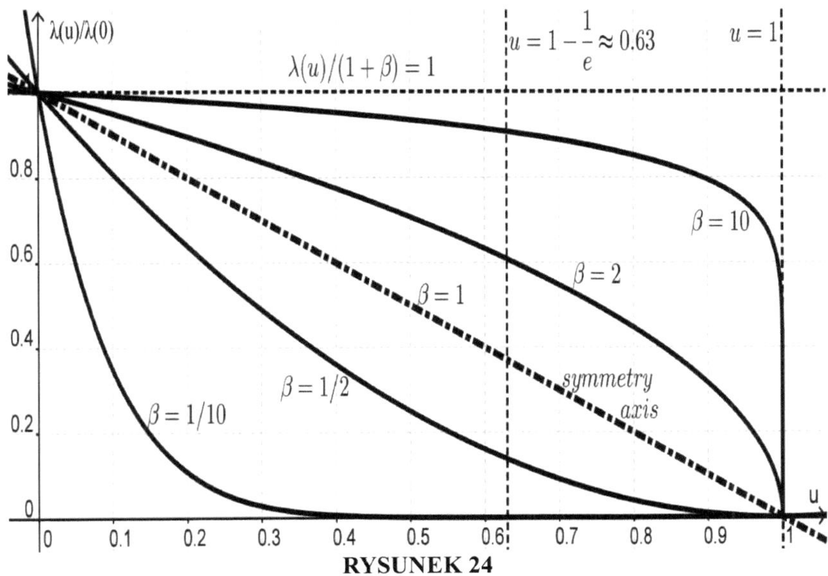

RYSUNEK 24

Wznowione wskaźniki awersji do ryzyka: Symetria

Na powyższym wykresie 24 ponownie zdefiniowane wskaźniki awersji do ryzyka λ - jako funkcje narzędzia *u* - są symetryczne, w stosunku do wykresu wskaźnika, odpowiadające wartości β = *1* . Mamy tu do czynienia z lustrzaną symetrią.[33]

Algebraicznie, można udowodnić tę cechę symetrii, zauważając, że (10.10.1) jest funkcją mocy disutility *(1 - u)* . W ten sposób utrzymuje się następuj±ca zależno¶ć symetrii:

$$f_{(1/\beta)}\left[1 - f_{\beta}(u)\right] = 1-u \qquad (10.10.4)$$

Tak więc, w pewnym sensie, nasza prosta użyteczność u=x/(x+1) (7.15), odpowiadająca wartości β = *1* , znajduje się symetrycznie dokładnie w środku kontinuum uogólnionych narzędzi Bernoulliego (7.13).

33 Odzwierciedlenie punktu $\{x;y\}$ w stosunku do linii prostej $y=1-x$ podaje punkt $\{1-y;1-x\}$.

11. Szczególny przypadek β = 2

Jeśli parametr β jest równy dwóm:

$$\beta = 2 \qquad (11.1)$$

następnie wzory (7.4)-(7.7) otrzymują następujący formularz:

$$\lambda_2(x) = \frac{3}{x+b} \quad \textit{wskaźnik awersji do ryzyka} \qquad (11.2)$$

$$\rho_2(x) = \frac{2}{b} \cdot \left(\frac{b}{x+b}\right)^3 \quad \textit{marginalny użytek} \qquad (11.3)$$

$$u_2(x) = 1 - \left(\frac{b}{x+b}\right)^2 \quad \textit{Narzędzie} \qquad (11.4)$$

$$b>0$$

Zgodnie ze wzorami (7.19) i (7.21) rozkład (11.3) ma następującą wygodną cechę. Oczekiwanie *x równa się* parametrowi *b* :

$$\langle x \rangle_2 = \int_0^{\infty} x \cdot \rho_2(x) \cdot dx = b \ \textit{przewidywany} \ x \qquad (11.5)$$

Jeśli wybrać *b* jako jednostkę bogactwa *x* , to

$$b=1 \qquad (11.6)$$

a wzory (11.2)-(11.5) otrzymują uproszczoną, normalną formę:

$$\lambda_2(x) = \frac{3}{x+1}$$ *wskaźnik awersji do ryzyka* (11.7)

$$\rho_2(x) = \frac{2}{(x+1)^3}$$ *marginalny użytek* (11.8)

$$u_2(x) = 1 - \frac{1}{(x+1)^2}$$ *Narzędzie* (11.9)

$$\langle x \rangle_2 = \int_0^{\infty} x \cdot \rho_2(x) \cdot dx = 1$$ *przewidywany* x

(11.10)

Funkcja użytkowa (11.9) jest przedstawiona na rysunku 25 poniżej.

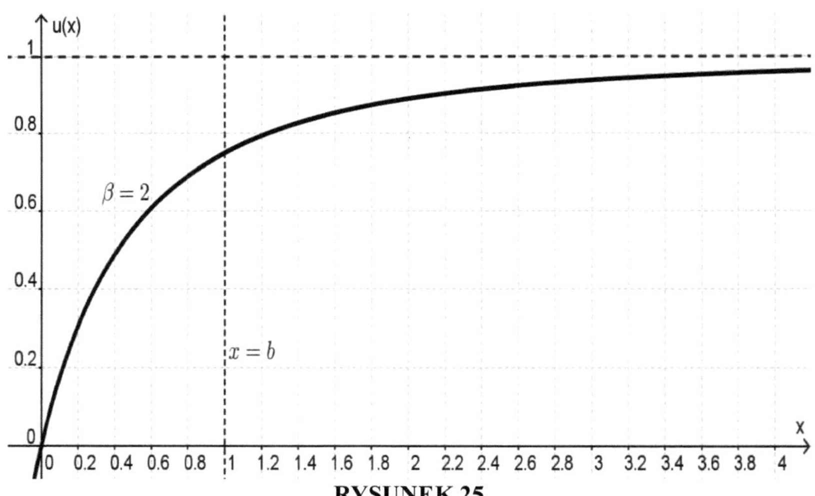

RYSUNEK 25

Funkcja użytkowa odpowiadająca wartości β = 2

11.1 Relatywistyczna energia i jej użyteczność Einsteina

W Specjalnej Teorii Względności, przedstawionej przez Einsteina w 1905 roku, bezwzględna wartość prędkości *v* cząstki ma górną granicę, równą prędkości światła *c* w próżni:

$$|v| \leqslant c \qquad \textit{górna granica prędkości} \qquad (11.1.1)$$

Powyższa równość dotyczy tylko światła, a wszystkie cząstki o masie w stanie spoczynku (odpowiadającej klasycznej, newtonowskiej masie cząstki) podlegają ścisłej nierówności.

Według Einsteina, cząsteczka w spoczynku ma energię spoczynku:

$$E_0 = m_0 \cdot c^2 \qquad \textit{energia wypoczynku} \qquad (11.1.2)$$

Na górze, E_0 to reszta energii i m_0 to reszta masy.

Energia poruszającej się cząsteczki jest przedstawiana w następujący sposób:

$$E = \frac{E_0}{\sqrt{1-\left(\frac{v}{c}\right)^2}} \qquad \textit{Energia} \qquad (11.1.3)$$

Wynika z tego, że nie jest możliwe przyspieszenie cząsteczki do prędkości światła - wymagałoby to nieskończonej ilości energii.

Energia cząstki jest sumą jej energii spoczynkowej i energii kinetycznej *T*:

$$E = E_0 + T \qquad (11.1.4)$$

W ten sposób energia kinetyczna cząstki może być prezentowana jako

$$T = \frac{E_0}{\sqrt{1-\left(\frac{v}{c}\right)^2}} - E_0 \qquad \textit{energia kinetyczna} \qquad (11.1.5)$$

Przedstawmy jednak naszą własną magię.

Zdefiniujmy użyteczność energii kinetycznej jako proporcjonalną do energii klasycznej:

$$u(T) = \left(\frac{v}{c}\right)^2 \textit{ narzędzie energii kinetycznej} \quad (11.1.6)$$

Należy pamiętać, że spełnione są następujące warunki:

$$T \geqslant 0 \quad (11.1.7)$$

$$0 \leqslant u(T) \leqslant 1 \quad (11.1.8)$$

Faktycznie, wartość *u = 1 nie* może być nigdy osiągnięta.

Ze wzoru (11.1.5) i definicji użyteczności (11.1.6) wynika następująca zależność:

$$u(T) = 1 - \left(\frac{E_0}{T+E_0}\right)^2 \textit{ narzędzie energii kinetycznej} \quad (11.1.9)$$

Należy zwrócić uwagę, że otrzymany wzór (11.1.9) jest zgodny ze wzorem (11.4), jeżeli ma on następujące brzmienie
$T = x$ i

$$b = E_0 \quad (11.1.10)$$

Jeśli wybrać taką jednostkę energii, aby reszta energii równała się jednej:

$$E_0 = 1 \quad (11.1.11)$$

wówczas wykres funkcji użytkowej (11.1.9) można zobaczyć na rysunku 25 powyżej.

11.2 Interpretacja użyteczności energii i odpowiadającej jej awersji do ryzyka

Mieliśmy na uwadze pewne możliwe interpretacje użyteczności energii. Jednak naszym zadaniem w obecnym badaniu nie jest inwentaryzacja teorii fizycznych. Dlatego poniżej przedstawimy tylko jedną z najprostszych interpretacji.

Przypuśćmy, że celem fizyków i inżynierów jest przyspieszenie cząsteczki tak blisko prędkości światła, jak to możliwe. Albo, być może, chcą osiągnąć maksymalnie dużą prędkość rakiety kosmicznej. Tak czy inaczej, w CERN-ie fizycy wydają dużo energii na przyspieszanie cząstek.

Przypuśćmy, że nasi fizycy czytają starą gazetę Daniela Bernoullego i znajdują (patrz (Bernoulli 1954: 33)) jego cytat Gabriela Cramera z listu Cramera z 1728 roku do kuzyna Daniela:

> ...ludzie ze zdrowym rozsądkiem oceniają pieniądze proporcjonalnie do użyteczności, jaką mogą z nich uzyskać.

Wydając dużo pieniędzy, nasi fizycy są zainteresowani wysokimi energiami, przekazywanymi małym cząsteczkom lub rakietom kosmicznym. Przypuśćmy, że niektórzy Einsteinowie interpretują Cramera w następujący sposób:

> ...fizycy ze zdrowym rozsądkiem oceniają energię fizyczną proporcjonalnie do użyteczności, jaką mogą z niej uzyskać, podczas przyspieszania rakiet kosmicznych.

W takim przypadku, ze względu na nierówność (11.1.1), mogą zastosować definicję użyteczności (11.1.6), prowadząc do funkcji użyteczności (11.1.9).

Zauważmy, że zakładamy, iż reszta masy przyspieszonej cząstki nie zmienia się. Zakładamy również, że energia kinetyczna *T tej* cząstki jest energią, wydaną na jej przyspieszenie.

Odpowiedni wskaźnik awersji do ryzyka (11.2) można przedstawić w następujący sposób:

$$\lambda(\mathrm{T}) = \frac{3}{\mathrm{E}} = \frac{3}{T+E_0}$$ *wskaźnik awersji do ryzyka*

(11.2.1)

Pojęcie awersji do ryzyka można teraz interpretować w następujący sposób.

Załóżmy, że rakieta kosmiczna ma już prędkość v i odpowiadającą jej energię kinetyczną T . Załóżmy też, że istnieje jakaś możliwość pomyłki lub jakiegoś urządzenia inżynieryjnego, w wyniku czego istnieje prawdopodobieństwo, że

$$p=\frac{1}{2} \quad (+/-)\Delta T \qquad \textit{uczciwa gra w sprawie energii kinetycznej} \qquad (11.2.2)$$

że rakieta kosmiczna albo wygra, albo straci tę samą małą ilość ΔT energii kinetycznej. Następnie, z punktu widzenia uzyskanej energii, jest to uczciwa gra, ponieważ oczekiwana energia kinetyczna jest nadal równa T . - Niemniej jednak, celem fizyków jest osiągnięcie jak największej prędkości. Z punktu widzenia użyteczności (11.1.9), gra jest niesprawiedliwa.[34] Możliwość popełnienia błędu (lub użycia urządzenia inżynieryjnego) byłaby dopuszczalna tylko wtedy, gdyby prawdopodobieństwo wygranej w energii było wyższe niż *0,5* . Wymagane dodatkowe prawdopodobieństwo wygranej nazywane jest premią za prawdopodobieństwo i może być przybliżone w następujący sposób (patrz wzory (3.11) i (11.2.1) powyżej):

$$\Delta p \approx \frac{\lambda(T)}{4} \cdot \Delta T = \frac{3}{4} \cdot \left[\frac{\Delta T}{T+E_0}\right] \qquad \textit{prawdopodobieństwo premia} \qquad (11.2.3)$$

Klasyczne, codzienne prędkości są bardzo małe w porównaniu z prędkością światła.[35] W przypadku klasycznym, obowiązują następujące przybliżenia (zakładamy, że ΔT ⩽ T (5.9)):

$$v \ll c \qquad \textit{przypadek klasyczny} \qquad (11.2.4)$$

$$T \approx \frac{m_0 \cdot v^2}{2} \qquad (11.2.5)$$

$$\Delta p \approx 0$$

34 Gra jest niesprawiedliwa również z punktu widzenia oczekiwanej wartości prędkości v . Zauważ, że funkcje $v(T)$ i $u(T)$ są wklęsłe.

35 Prędkość światła c w próżni wynosi około *300 000* km/sek. Szeroko, w *1* sekundę od Ziemi do Księżyca.

(11.2.6)

Tak więc, w pewnym sensie, premia za prawdopodobieństwo (11.2.3) jest efektem relatywistycznym.

11.3 Prawdopodobna dystrybucja energii

Jeżeli funkcją (11.1.9) jest użyteczność energetyczna, to odpowiadającą jej krańcową użyteczność (patrz wzory (11.3), (11.1.4) i (11.1.10)) można przedstawić w następujący sposób:

$$\rho(T) = \frac{2 \cdot E_0^2}{(T+E_0)^3} \quad \textit{marginalny użytek} \qquad (11.3.1)$$

Można zinterpretować tę funkcję (11.3.1) jako rozkład prawdopodobieństwa.

Co więcej, można spróbować wprowadzić pojęcie użyteczności energetycznej, nalegając, aby $\rho(T) \cdot dT$ to prawdopodobieństwo, że cząstka o energii kinetycznej z przedziału [T;T+dT] osiąga pewien z góry założony cel - tracąc przy tym całą swoją energię kinetyczną.

Pojawiają się jednak pewne przeszkody.

Po pierwsze, należy zauważyć, że prawdopodobieństwo, iż energia kinetyczna cząstki należy do segmentu [T;T+dT] to nie to samo, co prawdopodobieństwo, że cząstka z taką energią osiągnie jakiś z góry założony cel (np. przebije się przez potencjalną barierę).

Po drugie, w fizyce nie ma znanych rozkładów energii, odwrotnie proporcjonalnych do sześcianu energii.

Na przykład, znamy prawo Raleygh-Jeans dystrybucji formularza

$$n_i = \frac{g_i kT}{\varepsilon_i - \mu} \quad \textit{Dystrybucja Raleygh-Jeans}$$

(11.3.2)

W dyskretnym rozkładzie powyżej, n_i to liczba cząstek w stanie *i* oraz ε_i to energia *i-tego* stanu.

- Jednak rozkład ten jest odwrotnie proporcjonalny do energii i ma tendencję do powrotu do pierwotnej logarytmicznej funkcji użytkowej Bernoullego.

Pozwalamy więc, aby zawodowi fizycy zdecydowali, czy w fizyce jest jakieś miejsce dla marginalnej użyteczności (11.3.1) jako rozkładu prawdopodobieństwa.

Należy jednak zauważyć, że dystrybucja (11.3.1) posiada następujące niesamowite cechy.

Oczekiwana energia kinetyczna jest równa energii resztkowej (patrz wzory (11.5) i (11.1.10)):

$$\langle T \rangle = \int_0^{\infty} T \cdot \rho(T) \cdot dT = E_0 \quad \textit{oczekiwana energia kinetyczna} \qquad (11.3.3)$$

Rozkład prędkości, odpowiadający rozkładowi energii kinetycznej (11.3.1), jest liniowy:

$$\rho(v) = \frac{2 \cdot v}{c^2} \quad \textit{liniowy rozkład prędkości} \qquad (11.3.4)$$

$$0 \leqslant v \leqslant c$$

Naszą krótką wycieczkę do fizyki kończymy nalegając, aby górna granica prędkości (11.1.1), postulowana przez Einsteina, stanowiła naturalną matematyczną podstawę do wprowadzenia pojęcia użyteczności, spełniając warunki (5.1)-(5.5).

11.4 Premia za prawdopodobieństwo wystąpienia funkcji użyteczności w formie normalnej

Rozważmy uczciwy zakład pieniężny z równym prawdopodobieństwem $p = 0,5$ straty i wygranej - oba równe Δx (patrz (3,3)). Przyjmijmy normalną formę (tj. $b = 1$) użyteczność (11,9). Aby obliczyć składkę z prawdopodobieństwem, wpiszmy tę funkcję (11,9) do wzoru (3,9).

Możliwe jest uproszczenie formuły, aby uzyskać następujący wynik:

$$\Delta p = \frac{3}{4} \cdot \left(\frac{\Delta x}{x+1}\right) - \frac{1}{4} \cdot \left(\frac{\Delta x}{x+1}\right)^3 \quad \textit{prawdopodobieństwo premia} \qquad (11.4.1)$$

W przypadku małych zakładów, formuła (11.4.1) może być przybliżona jako

$$\Delta p \approx \frac{3}{4} \cdot \left(\frac{\Delta x}{x+1}\right) \qquad \textit{mała stawka } \Delta x \qquad (11.4.2)$$

Wynik ten jest zgodny z wzorami (3.11) i (11.7):

$$\Delta p \approx \frac{\lambda_2(x)}{4} \cdot \Delta x \qquad \textit{mała stawka } \Delta x \qquad (11.4.3)$$

W przypadku zakładu jednostkowego $\Delta x = 1$, na rysunku 26 poniżej, premia za prawdopodobieństwo (11.4.1) jest przedstawiona jako funkcja bogactwa *x* .

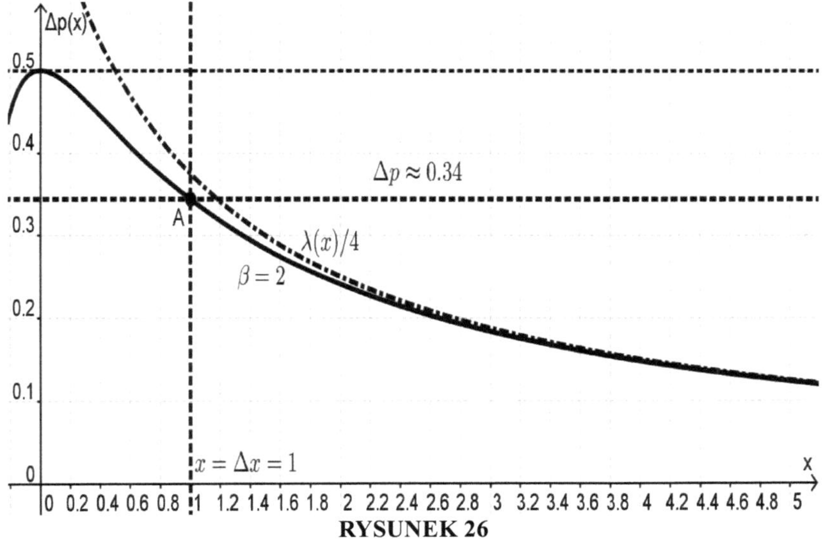

RYSUNEK 26

Prawdopodobieństwo Premium jako funkcja bogactwa

$\beta = 2 \qquad \Delta x = 1$

Na rysunku 26 powyżej zilustrowano zakład na $\Delta x = 1$ z prawdopodobieństwem wygranej $p = 0{,}5$. *Została* wybrana wartość parametru $\beta = 2$. Przedstawiono zarówno składkę z tytułu prawdopodobieństwa (11.4.1), jak i jej przybliżenie (11.4.3), które wykorzystuje wskaźnik awersji do ryzyka λ. Ze względu na warunek $\Delta x \leqslant x$ (5.9), bogactwo *x* nie może być mniejsze od wartości $x = 1$, pokazanej na rysunku jako linia prosta. Zatem w punkcie *A* premia za prawdopodobieństwo ma swoje maksimum, w przybliżeniu równe *0,34* . W związku z tym funkcja $\lambda(x)/4$ daje dobre przybliżenie.

Dla przypadku $x = 4$, na rysunku 27 poniżej, premia za prawdopodobieństwo (11.4.1) jest przedstawiona jako funkcja zakładu Δx .

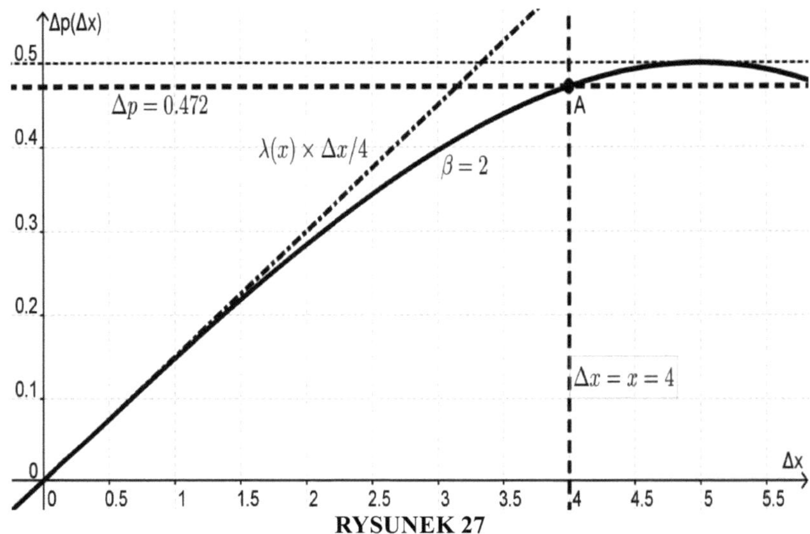

RYSUNEK 27

Premia za prawdopodobieństwo jako funkcja zakładu Δx

β = 2 x = 4

Na powyższym rysunku 27 przedstawiono zakłady na Δx z prawdopodobieństwem wygranej *p = 0,5 w* przypadku początkowego bogactwa *x = 4* . Została wybrana wartość parametru β = *2*. Przedstawiono zarówno premię z tytułu prawdopodobieństwa (11.4.1), jak i jej przybliżenie (11.4.3) - wykorzystujące wskaźnik awersji do ryzyka λ. Ze względu na warunek Δx ⩽ x, zakład Δx nie może być większy niż wartość Δx = *4* , pokazana na rysunku jako linia prosta. Dlatego też, w punkcie *A* , prawdopodobieństwo, że składka osiągnie swoje maksimum, równe *0,472* . W rezultacie, prawdopodobieństwo, że składka nigdy nie osiągnie wartości *0,5* . Przybliżenie liniowe (11.4.3) jest dopuszczalne w przypadku małych zakładów Δx .

12. Szczególny przypadek β = 1

Jeśli parametr β jest równy jednemu:

$$\beta = 1 \qquad (12.1)$$

następnie wzory (7.4)-(7.7) otrzymują następujący formularz:

$$b>0 \qquad \lambda_1(x) = \frac{2}{x+b} \text{ wskaźnik awersji do ryzyka} \qquad (12.2)$$

$$\rho_1(x) = \frac{1}{b} \cdot \left(\frac{b}{x+b}\right)^2 \text{marginalny użytek} \qquad (12.3)$$

$$u_1(x) = \frac{x}{x+b} \quad \text{Narzędzie} \qquad (12.4)$$

Jako rozkład skumulowany, funkcja (12.4) posiada następującą funkcję. Parametr *b jest równy* medianie (patrz (7.20) i (7.28)-(7.29)) tego rozkładu:

$$u_1(b) = \frac{1}{2} \qquad (12.5)$$

Załóżmy więc, że czyjaś funkcja użytkowa należy do klasy (12.4). Następnie, niech ktoś oceni, jak duże aktywa *b* wystarczyłyby, aby jeden z nich był w połowie szczęśliwy. Wartość $x = b$, przy której czyjś dobrobyt wynosiłby 50%, jednoznacznie określa funkcję (12.4).

Jeśli wybrać *b* jako jednostkę bogactwa *x* , to

$$b=1 \qquad (12.6)$$

a wzory (12.2)-(12.4) otrzymują uproszczony, normalny formularz[36]:

$$\lambda_1(x) = \frac{2}{x+1} \quad \textit{wskaźnik awersji do ryzyka} \qquad (12.7)$$

$$\rho_1(x) = \frac{1}{(x+1)^2} \quad \textit{marginalny użytek} \qquad (12.8)$$

$$u_1(x) = \frac{x}{x+1} \quad \textit{Narzędzie} \qquad (12.9)$$

Funkcje (12.7)-(12.9) przedstawione są na rysunku 28 poniżej.

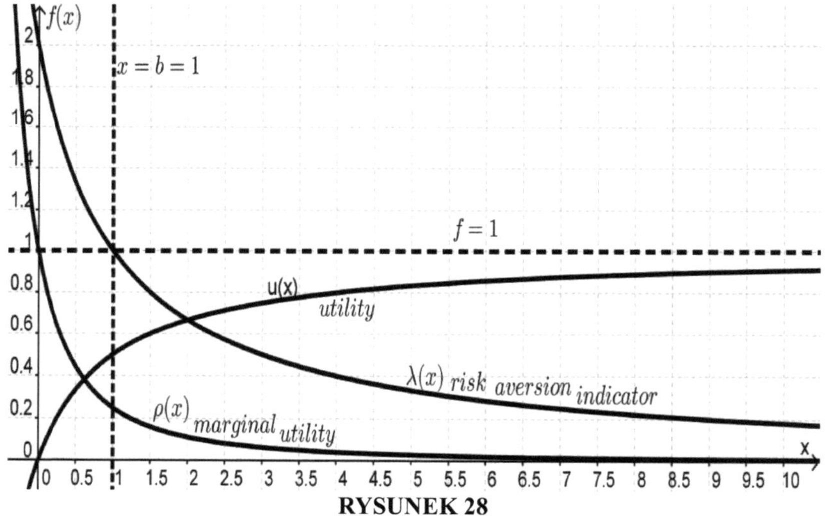

RYSUNEK 28

Przypadek β = *1*: Utility *u = x/(x + 1)* ,

Wskaźnik marginalnej użyteczności i awersji do ryzyka

Na rysunku 28 powyżej wybrano wartości parametrów β = *1* i *b = 1*. Przedstawiono funkcję użytkową *u(x) = x/(x +1)* (12.9). Jeśli *x* wzrasta do nieskończoności, wówczas *u(x)* ogranicza się do asymptoty *u = 1* . Funkcja użytkowa ρ*(x)* (12.8) zmniejsza się w *x* i szybko zmniejsza się do zera. Wskaźnik awersji do ryzyka λ*(x)* (12,7) zmniejsza się w *x i szybko zmniejsza się do zera.*

Na rysunku 28 powyżej, wartość parametru *x = b* została przedstawiona jako linia

36 Wzór (12,9) został również przedstawiony w (7,15).

prosta. Przy tej wartości argumentu $u(b) = 1/2$ (12.5) i $\lambda(b) = \lambda(0)/2$ (8.2).

12.1 Szanse liniowe

Jeżeli *p* jest prawdopodobieństwem wygranej w grze, to odpowiednie szanse na wygraną *S* można zdefiniować w następujący sposób:

$$S(p) = \frac{p}{1-p} \quad \textit{szanse} \qquad (12.1.1)$$

Interpretacja pojęcia szans jest następująca. Jeśli prawdopodobieństwo wygranej ocenia się jako równe *p* i jeśli zakład przeciwnika w grze wynosi *y* - wówczas maksymalny zakład *x* zgodziłby się (z punktu widzenia pieniężnego) na postawienie spełnia następujący warunek:

$$\frac{x}{y} = S \qquad (12.1.2)$$

Przypomnijmy, że narzędzie *u(x)* może być interpretowane (patrz (5.7)-(5.8)) jako prawdopodobieństwo. Jest to prawdopodobieństwo wygranej w użytkowym - uczciwym hazardzie, w którym można stracić wszystkie swoje pieniądze *x* i wygrać nieskończoną ilość pieniędzy.

Tak więc, każda funkcja użytkowa *u(x)* definiuje funkcję szans *S(x)* i na *odwrót*:

$$S(x) = \frac{u(x)}{1-u(x)} \qquad (12.1.3)$$

$$u(x) = \frac{S(x)}{S(x)+1} \qquad (12.1.4)$$

Warunki (5.1)-(5.5) stwarzają jednak pewne ograniczenia dla funkcji *S(x)* .

Funkcje użytkowe (12.4) posiadają następującą funkcję:

$$\beta=1 \quad S(x) = \frac{x}{b} \quad \textit{szanse liniowe} \qquad (12.1.5)$$

$$x(u) = b \cdot S(u) \quad \textit{odwrotna funkcja użytkowy} \qquad (12.1.6)$$

W przypadku β > *0* i b = *1,* odwrotną funkcję użyteczności przedstawiono w (10.1.1).

Funkcje (12.4) są jedynymi funkcjami użytkowymi o szansach liniowych, spełniającymi warunki (5.1)-(5.5). Aby to udowodnić, użyjmy wzoru (12.1.4), jeżeli: a) funkcja (12.1.4) jest funkcją użyteczności o liniowych szansach, spełniającą warunki (5.1)-(5.5).

$$S(x) = A \cdot x + B \qquad (12.1.7)$$

gdzie *A* i *B* to jakieś prawdziwe liczby. Z warunku *u(0) = 0* wynika, że *B = 0* , a następnie, że *A > 0* .

12.2 Premia za prawdopodobieństwo wystąpienia funkcji użyteczności w postaci normalnej

Rozważmy uczciwy zakład pieniężny z równym prawdopodobieństwem *p = 0,5* straty i wygranej - strata i zysk są równe Δx (patrz (3,3)).

Przyjmijmy również formę normalną (tj. *b = 1*) użyteczność (12.9). Aby obliczyć premię za prawdopodobieństwo, zamieńmy funkcję (12,9) na wzór (3,9).

Po dokonaniu obliczeń otrzymujemy następujący prosty wynik:

$$\Delta p = \frac{1}{2} \cdot \left(\frac{\Delta x}{x+1}\right) \textit{premia za prawdopodobieństwo} \qquad (12.2.1)$$

Należy pamiętać, że funkcja Δp jest liniowa w Δx .

Wynik (12.2.1) jest zgodny z przybliżeniem dla małych zakładów Δx (patrz (3.11) i (12.7)). Ponadto, przybliżenie to, przy zastosowaniu wskaźnika awersji do ryzyka λ , okazuje się być absolutnie dokładne - w przypadku wszelkich zakładów Δx :

$$\Delta p = \frac{\lambda_1(x)}{4} \cdot \Delta x \qquad (12.2.2)$$

W przypadku zakładu jednostkowego $\Delta x = 1$, na rysunku 29 poniżej, premia za prawdopodobieństwo (12.2.1) jest przedstawiona jako funkcja bogactwa x .

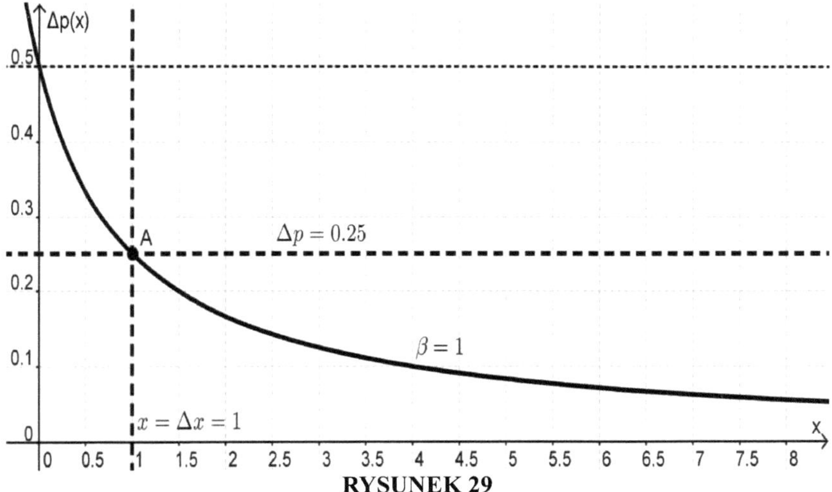

RYSUNEK 29

Prawdopodobieństwo Premium jako funkcja bogactwa

$\beta = 1$, $b = 1$, $\Delta x = 1$

Na rysunku 29 powyżej przedstawiono zakład na $\Delta x = 1$ z prawdopodobieństwem wygranej $p = 0,5$. Wybrano wartości parametrów $\beta = 1$ i $b = 1$. Przedstawiono odpowiednią premię z tytułu prawdopodobieństwa (12.2.1) w funkcji bogactwa x. Ze względu na stan $\Delta x \leqslant x$ (5.9), bogactwo x nie może być mniejsze od wartości $x = 1$, pokazanej jako linia prosta na rysunku. Zatem w punkcie A premia z tytułu prawdopodobieństwa ma wartość maksymalną, równą $0,25$.

Dla przypadku $x = 4$, na rysunku 30 poniżej, premia za prawdopodobieństwo (12.2.1) jest przedstawiona jako funkcja zakładu Δx .

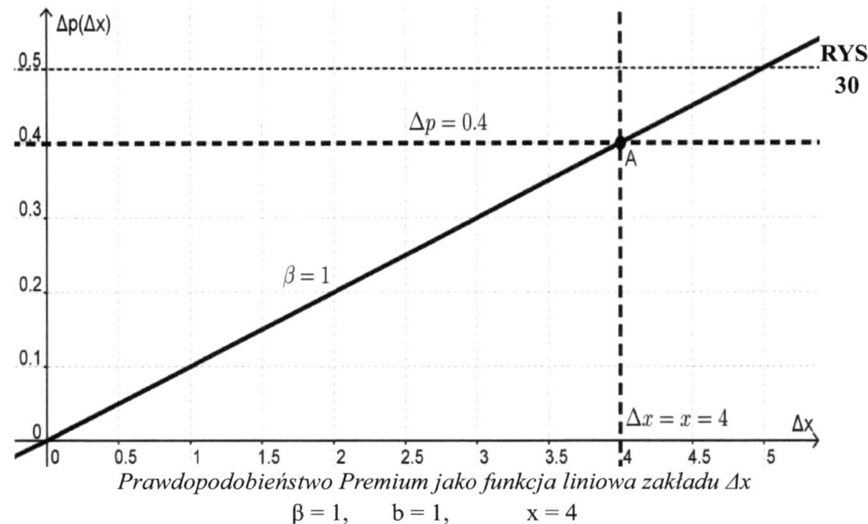

Prawdopodobieństwo Premium jako funkcja liniowa zakładu Δx

β = 1, b = 1, x = 4

Na rysunku 30 powyżej, zakłady na Δx z prawdopodobieństwem wygranej $p = 0,5$ są zilustrowane dla początkowego bogactwa $x = 4$. Wybrano wartości parametrów $\beta = 1$ i $b = 1$. Przedstawiono odpowiednią premię z prawdopodobieństwem (12.2.1) jako funkcję zakładu Δx. Ze względu na warunek $\Delta x \leqslant x$, zakład Δx nie może być większy niż wartość $\Delta x = 4$, pokazana na rysunku jako linia prosta. Dlatego też, w punkcie A , premia z prawdopodobieństwem osiągnie swoje maksimum, równe $0,4$. W rezultacie, prawdopodobieństwo, że składka nigdy nie osiągnie wartości $0,5$.

Zauważ, że funkcja składowej prawdopodobieństwa pokazana na rysunku 30 powyżej jest liniowa w Δx .

12.3 Maksymalne Prawdopodobieństwo Premia

Ze względu na warunek $\Delta x \leqslant x$ (5.9), premia za prawdopodobieństwo (12.2.1) jest maksymalna, MFF stawka Δx jest maksymalna:

$$\Delta x = x \text{ maksymalna stawka} \qquad (12.3.1)$$

Warunek ten odpowiada hazardowi, w którym z równym prawdopodobieństwem $p = 0,5$ albo traci się wszystkie swoje aktywa, albo podwaja swoje aktywa.

W przypadku funkcji użyteczności arbitralnej $u(x)$ wzór (3.9) i warunek (12.3.1) przedstawiają następującą zależność:

$$\Delta p(\Delta x = x) = \frac{u(x)}{u(2 \cdot x)} - \frac{1}{2} \qquad (12.3.2)$$

Następnie warunek, że użyteczność nie zmniejsza się w x (5,4), prowadzi do nierówności

$$\Delta p(\Delta x = x) \leqslant \frac{1}{2} \qquad (12.3.3)$$

Wynika z tego, że akceptuje się grę, jeśli prawdopodobieństwo wygranej jest wystarczająco duże.

Jeśli narzędzie jest ściśle zwiększone w x (tzn. narzędzie marginalne jest niezerowe):

$$u'(x) > 0 \qquad (12.3.4)$$

potem następuje ścisła nierówność:

$$\Delta p(\Delta x = x) < \frac{1}{2} \qquad (12.3.5)$$

Nasze uogólnione przedsiębiorstwa użyteczności publicznej Bernoullego (7.7) spełniają warunek (12.3.4). Tak więc, w przypadku takich zakładów nigdy nie żąda się absolutnie pewnej wygranej w opisanym powyżej hazardzie.

Wróćmy do przypadku $\beta = 1$ i $b = 1$. Wzory (12.2.1) i (12.3.1) dają wynik

$$\beta=1 \quad \Delta p(\Delta x=x) = \frac{1}{2} \cdot \left(\frac{x}{x+1}\right) \quad \textit{maksymalny} \qquad (12.3.6)$$

premia za prawdopodobieństwo

$$\Delta p(\Delta x = x) = \frac{u(x)}{2} \qquad (12.3.7)$$

Tak więc w przypadku funkcji użyteczności $u = x/(x + 1)$ (12,9), w pieniężnych grach fair z równym prawdopodobieństwem wygranej i przegranej (oraz z równym zyskiem i stratą), premia z tytułu maksymalnego prawdopodobieństwa jest równa połowie użyteczności (zob. rysunek 31 poniżej).

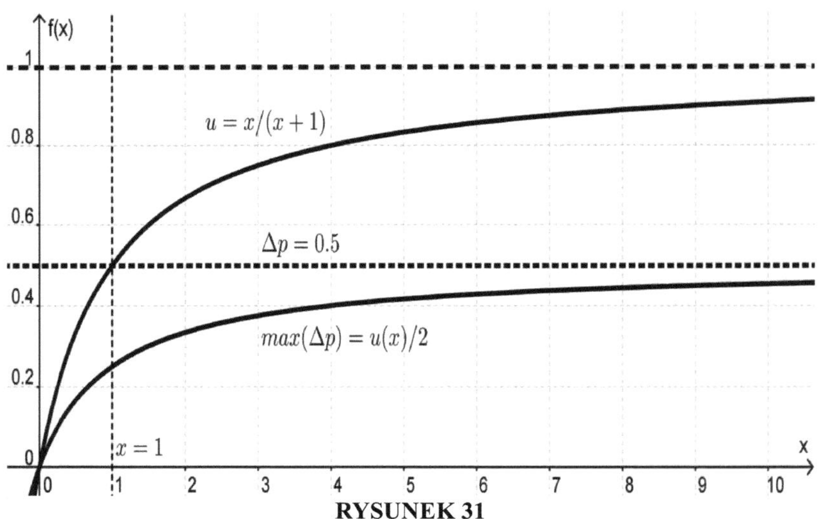

RYSUNEK 31

Funkcja Utility u = x/(x + 1) *i Maximal Probability Premium*

12.4 Premia za prawdopodobieństwo jako liniowa funkcja użytkowa

W punkcie 10.8 (patrz wzór (10.8.1)) zauważyliśmy, że w przypadku $\beta = 1$ wskaźnik awersji do ryzyka λ jest liniową funkcją użyteczności. Zauważyliśmy również, że uogólniona użyteczność Bernoulliego (7,7) nie jest jedyną możliwością uzyskania takiej liniowej zależności.

Teraz rozważmy premię za prawdopodobieństwo.

W przypadku $\beta = 1$ i $b = 1$, normalne wzory (12.9) i (12.2.1) prowadzą nas do następujących zależności:

$$\beta=1 \quad \Delta p(x;\Delta x) = \frac{u(x)}{2} \cdot \left(\frac{\Delta x}{x}\right) \quad \textit{prawdopodobieństwo}$$

(12.4.1)

premia

$$\Delta \quad p(u \quad ;\Delta x) = \frac{1}{2} \quad \text{-u} \quad .$$

Δ x (12.4.2)

Zwróć uwagę, że jeśli termin *u* jest użyteczny, to termin *(1 - u)* jest disutility.

We wzorze (12.4.2) premia za prawdopodobieństwo jest liniowa zarówno w użytkowaniu *u*, jak i w zakładzie Δx .

12.5 Premia za prawdopodobieństwo jako funkcja liniowa zakładu

Składka prawdopodobieństwa (12.2.1), odpowiadająca wartościom parametrów $\beta = 1$ i $b = 1$, jest funkcją liniową zakładu Δx (patrz rys. 30 powyżej).

Można udowodnić, że uogólnione narzędzia Bernoulli'ego z wartością parametru $\beta = 1$ i dowolny dodatni parametr *b* - czyli funkcje użytkowe (12.4) - są jedynymi funkcjami użytkowymi, zarówno spełniającymi warunki (5.1)-(5.5), jak i zapewniającymi premię prawdopodobieństwa jako liniową funkcję stosu Δx .

Rozważamy tylko pieniężną grę fair z równym prawdopodobieństwem $p = 0{,}5$ równej straty i zysku Δx (warunek (3,3)).

Nasz dowód jest dość skomplikowany. Poniżej przedstawiamy jego szkic.

Załóżmy, że premia za prawdopodobieństwo jest liniowa w zakładzie:

$$\Delta \quad p(x \quad ;\Delta x) = \quad C(x \quad) \quad \cdot$$

$\Delta \quad x+ \quad B(x \quad)$ (12.5.1)

Generalnie (pod warunkiem (3.3)), premia za prawdopodobieństwo jest przedstawiona we wzorze (3.9), który zostanie podany ponownie poniżej:

$$\Delta p= \frac{u(x) - \frac{u(x+\Delta x)+u(x-\Delta x)}{2}}{u(x+\Delta x) - u(x-\Delta x)}$$

(12.5.2)

Jeżeli zakład Δx zbliża się do zera, to premia za prawdopodobieństwo Δp ogranicza się do zera:

$$\lim_{\Delta x \to 0} \Delta p=0$$

(12.5.3)

Zob. przybliżenie (3.11).

Dlatego *B(x) = 0*, a premia za prawdopodobieństwo jest proporcjonalna do zakładu:

$$\Delta p(x;\Delta x)= C(x) \cdot \Delta x$$

(12.5.4)

Ze wzorów (12.5.2) i (12.5.4) wynika następujący wzór:

$$u(x) - \frac{u(x+\Delta x)}{2} - \frac{u(x-\Delta x)}{2} = [u(x+\Delta x) - u(x-\Delta x)] \cdot C(x) \cdot \Delta x \qquad (12.5.5)$$

Powyżej, dla funkcji *u* , zastosujmy serię Taylor. Następnie otrzymamy następujący układ równań różniczkowych:

$$k=1;2;3;\ldots \quad \frac{u^{(2k)}(x)}{(2k)!} + 2 \cdot$$

$$C(x)\frac{u^{(2k-1)}(x)}{(2k-1)!}=0 \qquad (12.5.6)$$

Na górze, n! oznacza czynnik *n* i $u^{(n)}(x)$ oznacza *n-tą* pochodną *u(x)* . Na przykład,

$$3!=1\cdot 2\cdot 3=6 \quad \text{oraz}$$

$$u^{(2)}(x)=u''(x)=\frac{d^2}{dx^2}u(x)$$

Pierwsze równanie z (12.5.6) przekazuje następujące informacje:

$$k=1 \quad C(x)=(-1)\frac{u''(x)}{4\cdot u'(x)}=\frac{\lambda(x)}{4} \qquad (12.5.7)$$

Powyżej, *λ(x)* jest wskaźnikiem awersji do ryzyka, określonym w (3.12):

$$\lambda(x)=(-1)\frac{u''(x)}{u'(x)} \qquad (12.5.8)$$

Stąd z początkowych równań (12.5.1)-(12.5.2) wynika, że przybliżenie (3.11) jest dokładne:

$$\Delta p=\frac{\lambda(x)}{4}\cdot\Delta x \qquad (12.5.9)$$

Drugie równanie z (12.5.6) prowadzi nas do następującej zależności:

$$k=2 \quad u^{(4)}(x)+2\cdot\lambda(x)\cdot u^{(3)}(x)=0 \qquad (12.5.10)$$

Na górze, $u^{(4)}(x)$ jest *4-tą* pochodną funkcji *u(x)* , itd.

Dążymy do znalezienia wszystkich rozwiązań równania różniczkowego (12.5.10), spełniającego warunki (5.1)-(5.5).

Zastosujmy definicję (3.1) marginalnej użyteczności:

$$u'(x) = \frac{d}{dx}u(x) = \rho(x) \qquad (12.5.11)$$

Wykorzystajmy również relację (3.15):

$$\lambda(x) = (-1)\frac{d}{dx}\ln([\rho(x)]) \qquad (12.5.12)$$

Zastąpmy terminy *u'(x)* (12.5.11) i *λ(x)* (12.5.12) równaniem (12.5.10). Otrzymujemy następujące równanie:

$$\frac{d}{dx}\ln(\rho'') = 2\frac{d}{dx}\ln(\rho) \qquad (12.5.13)$$

W ten sposób dochodzimy do następującego nieliniowego równania różniczkowego drugiego rzędu:

$$\frac{d^2}{dx^2}\rho(x) = A \cdot [\rho(x)]^2 \qquad A > 0 \qquad (12.5.14)$$

gdzie *A* to jakaś pozytywna liczba rzeczywista.

To ciekawe równanie. Nie udało nam się obliczyć jego ogólnego rozwiązania.

Naszym celem jest jednak znalezienie wszystkich rozwiązań równania różniczkowego (12.5.14), spełniającego warunki (6.1)-(6.3).

Innymi słowy, chcemy znaleźć takie rozwiązania (12.5.14), które zachowują się jak rozkłady prawdopodobieństwa.

Należy zauważyć, że ze wzoru (12.5.14) wynika, że funkcja *ρ(x)* jest wypukła, jeżeli $\rho \neq 0$.

Szczególny przypadek wartości parametru $A = 1$ daje nam równanie o normalnej postaci

$$A=1 \quad \frac{d^2}{dx^2}\rho_N(x) = [\rho_N(x)]^2 \qquad (12.5.15)$$

Oznaczmy:

$$\rho_A(x) = \left(\frac{1}{A}\right) \cdot \rho_N(x) \qquad (12.5.16)$$

Następnie $\rho_A(x)$ jest rozwiązaniem z (12.5.14) IFF $\rho_N(x)$ jest rozwiązaniem z (12.5.15).

Jednakże w warunkach (6.1)-(6.3), dokładna dodatnia wartość całki w (6.3) zależy od parametru *A* .

Wykorzystajmy notację

$$\rho'(x) = \mu(x) \qquad (12.5.17)$$

i następującej relacji:

$$\rho''(x) = \frac{d\mu}{dx} = \left(\frac{d\mu}{d\rho}\right) \cdot \left(\frac{d\rho}{dx}\right) = \mu \cdot \left(\frac{d\mu}{d\rho}\right) \qquad (12.5.18)$$

Następnie, równanie (12.5.14) jest redukowane do równania różniczkowego pierwszego rzędu

$$\mu^2(\rho) = \left(\frac{d\rho}{dx}\right)^2 = D + \left(\frac{2}{3}A\right) \cdot \rho^3 \qquad (12.5.19)$$

Powyżej, *A* jest jakąś stałą dodatnią, a *D* jest jakąś stałą.

Sytuacja jest nadal skomplikowana. Nie udało nam się zintegrować równania (12.5.19) w ogólnym przypadku.

Z warunków (6.1)-(6.3) można jednak wnioskować o następujących zależnościach:

$$\lim_{x\to\infty} \rho(x) = 0$$

(12.5.20)

$$\lim_{x\to\infty} \rho'(x) = 0$$

(12.5.21)

Wynika z tego, że

$$D = 0$$

(12.5.22)

Wynika z tego również, że użyteczność krańcowa ρ*(x)* spełnia równanie różniczkowe ze znakiem ujemnym (równanie równoległe ze znakiem dodatnim musi być odrzucone):

$$\frac{d\rho}{dx} = (-1) \cdot \sqrt{\frac{2A}{3}} \cdot \rho^{3/2} \qquad A > 0 \qquad (12.5.23)$$

To równanie może być zintegrowane. Ogólne rozwiązanie (12.5.23) jest następujące:

$$\rho(x) = \frac{4}{\left(F + \sqrt{2A/3} \cdot x\right)^2} \qquad (12.5.24)$$

$$A > 0 \qquad F \geqslant 0$$

Powyżej, *A* i *F* są stałymi.

Zastosujmy ten warunek (6.3):

$$\int_0^\infty \rho(x) \cdot dx = 1$$

(12.5.25)

Następujące wyniki relacji:

$$F = \frac{4}{\sqrt{2\ \ A/3}} \qquad (12.5.26)$$

Podsumowując, rozwiązania równania (12.5.14), spełniające warunki (6.1)-(6.3), można przedstawić w następujący sposób:

$$\rho_A(x) = \frac{6/A}{(x+6/A)^2} \quad A>0 \qquad (12.5.27)$$

Jeśli oznaczać

$$b = \frac{6}{A} \qquad (12.5.28)$$

wówczas te dopuszczalne rozwiązania (12.5.27) równania (12.5.14) mają postać (12.3):

$$\rho(x) = \frac{1}{b} \cdot \left(\frac{b}{x+b}\right)^2 \quad b>0 \qquad (12.5.29)$$

Normalny rozkład formy (12.8) odpowiada wartościom parametrów *b = 1* oraz *A = 6* :

$$b=1 \;\; A=6 \;\; \rho(x) = \frac{1}{(x+1)^2} \qquad (12.5.30)$$

$$\frac{d^2}{dx^2}\rho = 6 \cdot \rho^2 \qquad (12.5.31)$$

To uzupełnia nasz dowód.

PODSUMOWANIE: Szczególne cechy funkcji użytkowej u = x/(x + 1)

W niniejszym opracowaniu zbadaliśmy unikalne miejsce i niezwykłe cechy funkcji użytkowej.

$$u(x) = \frac{x}{x+1} \qquad \text{(C: 1)}$$

Ta funkcja użytkowa jest szczególnym przypadkiem funkcji użytkowej

$$u(x) = \frac{x}{x+b} \qquad b > 0 \qquad \text{(C: 2)}$$

Jeśli użyć *b* jako jednostki *x* , wówczas narzędzie (C: 2) zostaje zredukowane do narzędzia (C: 1).

Jeśli *u* oznacza użyteczność, to oznaczmy:

$$\rho(x) = u'(x) \quad \textit{marginalny użytek} \qquad \text{(C: 3)}$$

$$\lambda(x) = (-1)\frac{u''(x)}{u'(x)} \quad \textit{wskaźnik awersji do ryzyka} \qquad \text{(C: 4)}$$

Przydatność (C: 2) rośnie w *x* i ma górną granicę, równą jednej.

Przydatność krańcowa (C: 2) maleje w *x* , i zmniejsza się do zera.

Wskaźnik awersji do ryzyka o wartości (C: 2) zmniejsza się w *x* , i zmniejsza się do zera.

Funkcja użytkowa Daniela Bernoulli'ego (*c > 0 i* b > *0)*

$$u(x) = c \cdot \ln\left(\frac{x}{b}\right)$$ *Narzędzie Bernoullego* (C: 5)

jest bez górnej i dolnej granicy. Odpowiedni marginalny wskaźnik użyteczności i awersji do ryzyka

$$\rho(x) = \frac{1}{x}$$ *marginalny użytek* (C: 6)

$$\lambda(x) = \frac{1}{x}$$ *wskaźnik awersji do ryzyka* (C: 7)

zmniejszają się w *x* i zmniejszają się do zera.

Ulepszone funkcje Bernoullego określamy w następujący sposób (x ⩾ 0):

$$u(x) = c \cdot \ln\left(\frac{x}{b} + 1\right)$$ *ulepszone narzędzie Bernoulli'ego* (C: 8)

$$\rho(x) = \frac{c}{x+b}$$ *marginalny użytek* (C: 9)

$$\lambda(x) = \frac{1}{x+b}$$ *wskaźnik awersji do ryzyka* (C: 10)

b>0 c>0

Ulepszona użyteczność Bernoullego (C: 8) ma dolną granicę, równą zeru.

Uogólnione funkcje Bernoullego definiujemy w następujący sposób:

$$u_\beta(x) = 1 - \left(\frac{b}{x+b}\right)^\beta$$ *uogólnione narzędzie Bernoullego* (C: 11)

$$\rho_\beta(x) = \frac{\beta}{b} \cdot \left(\frac{b}{x+b}\right)^{1+\beta}$$ *marginalny użytek* (C: 12)

$$\lambda_\beta(x) = \frac{1+\beta}{x+b}$$ *wskaźnik awersji do ryzyka* (C: 13)

$\beta > 0$ $b > 0$

Jako punkt wyjścia wykorzystaliśmy wskaźnik awersji do ryzyka (C: 13) z arbitralną wartością parametru β - który jest uogólnieniem wskaźnika (C: 10). Narzędzia (C: 11) mają górną granicę, równą jednej.

Funkcja narzędzia (C: 2) należy do klasy narzędzi (C: 11) i odpowiada wartości parametru $\beta = 1$:

$$\beta=1 \qquad u_1(x) = \frac{x}{x+b}$$ (C: 14)

Funkcję użytkową o stałej awersji do ryzyka można przedstawić w następujący sposób:

$$u(x) = 1 - \frac{1}{e^{\beta \cdot x}}$$ *narzędzie awersji do stałego ryzyka* (C: 15)

W sensie kwalifikowanym, ulepszona użyteczność Bernoulliego (C: 8) jest dolną granicą (tj. parametr β jest mały) klasy uogólnionych użyteczności Bernoulliego (C:

11); a użyteczność o stałej awersji do ryzyka (C: 15) jest górną granicą (tj. parametr β jest duży). To samo odnosi się do odpowiednich narzędzi marginalnych i wskaźników awersji do ryzyka. Stała awersja do ryzyka nie może być przybliżona w pełnej skali.

Przedsiębiorstwa użyteczności publicznej (C: 14) zajmują centralne miejsce w klasie uogólnionych przedsiębiorstw użyteczności publicznej Bernoulli'ego (C: 11).

Aby zinterpretować narzędzie krańcowe (C 12) jako rozkład prawdopodobieństwa, można zdefiniować odpowiadającą mu oczekiwaną wartość x :

$$\langle x \rangle_\beta = \int_0^\infty x \cdot \rho_\beta(x) \cdot dx \quad \textit{przewidywany}\ x \qquad \text{(C: 16)}$$

Jeśli parametr β spada, to (C: 14) jest pierwszym przypadkiem, gdy oczekiwane x jest nieskończone:

$$\beta > 1 \quad \langle x \rangle_\beta < \infty \qquad \text{(C: 17)}$$

$$\lim_{\beta \to 1} \langle x \rangle_\beta = \infty \qquad \text{(C: 18)}$$

$$\beta \leqslant 1 \qquad \langle x \rangle_\beta = \infty \qquad \text{(C: 19)}$$

W przypadku (C: 14), wskaźnik awersji do ryzyka (C: 13) jest liniową funkcją narzędzia u :

$$\beta = 1 \qquad \lambda_1(u) = 2 \cdot (1-u) \qquad \text{(C: 20)}$$

Odpowiednio zmieniony wskaźnik

$$\frac{\lambda_1(u)}{\lambda_1(0)} = 1\text{-}u \quad \textit{oś symetrii} \qquad (C: 21)$$

służy jako oś symetrii dla ponownie ukształtowanych wskaźników awersji do ryzyka $\lambda_\beta(u)/\lambda_\beta(0)$.

Jeśli narzędzie działa jako rozkład skumulowany, to mediana narzędzia (C: 14) jest równa wartości parametru *b* , czyli:

$$\beta=1 \qquad u_1(b) = \frac{1}{2} \qquad (C: 22)$$

Premia za prawdopodobieństwo Δp jest zdefiniowana w następujący sposób. Jeżeli *p jest prawdopodobieństwem wygranej* w pieniężnym uczciwym hazardzie, to *p + Δp* jest prawdopodobieństwem wygranej w odpowiadającym mu użytkowaniu - uczciwym hazardzie.

Rozważamy szczególny przypadek, gdy *p = 1/2* oraz wzmocnienie i strata są równe Δx .

W przypadku małych zakładów Δx i arbitralnych funkcji użyteczności *u(x)*, gdzie *x* jest początkowym bogactwem decydenta, wskaźnik awersji do ryzyka (C: 4) daje następujące przybliżenie:

$$\Delta p \approx \frac{\lambda(x)}{4} \cdot \Delta x$$

mały zakład Δx (C: 23)

W przypadku funkcji użyteczności (C: 14) przybliżenie to jest dokładne dla wszystkich zakładów Δx :

$$\beta=1 \quad \Delta p=\frac{\lambda_1(x)}{4}\cdot\Delta x$$ *premia za prawdopodobieństwo* (C: 24)

W przypadku *b = 1* i odpowiedniego narzędzia (C: 1):

$$\beta=1 \quad b=1 \qquad \Delta p=\frac{1}{2}\cdot\left(\frac{\Delta x}{x+1}\right)$$ *premia za prawdopodobieństwo* (C: 25)

Premia za prawdopodobieństwo (C: 24) jest liniową funkcją zakładów Δx .

Wierzymy, że udało nam się udowodnić, że funkcja użyteczności (C: 14) jest jedynym narzędziem z premią prawdopodobieństwa, liniową w zakładach.

W przypadku dyskretnym x=0; 1; 2; 3; ... Narzędzie (C: 1) podaje nam ciąg stosunków dwóch kolejnych nieujemnych liczb całkowitych:

$$\left\{\frac{0}{1}\;;\frac{1}{2}\;;\frac{2}{3}\;;\frac{3}{4}\;;\ldots\right\}$$ (C: 26)

Wreszcie, w przypadku β = *2* oczekiwane *x* (C: 16) jest równe wartości parametru *b* :

$$\beta=2 : \langle x\rangle_2=b$$ *przewidywany* x (C: 27)

Jeśli *v* jest prędkością cząstki, a *c* jest prędkością światła, to można zdefiniować użyteczność relatywistycznej energii kinetycznej jako równą $(v/c)^2$. Następnie funkcja użytkowa jest (C: 11) z β = *2* .

DODATEK: Tworzenie prostych wykresów użytkowych

Istnieją trzy funkcje użytkowe, których wykresy są szczególnie łatwe do narysowania lub przybliżenia:

- narzędzie liniowe
- narzędzie o stałej awersji do ryzyka
- funkcja użytkowa $u = x/(x + b)$

A1. Linear Utility Graph

W teorii decyzji standardowym założeniem jest, że racjonalny decydent dokonuje wyboru, który maksymalizuje jego oczekiwaną użyteczność.

Jeśli decyzje mają wyłącznie pieniężne podstawy, wówczas użyteczność *u* równa się aktywom, pieniądzom lub zyskom *y* osoby podejmującej decyzję. Nie pojawia się żaden efekt awersji do ryzyka, a zatem nie pojawia się również efekt zmniejszenia awersji do ryzyka.

Pozytywne transformacje liniowe

$$a>0 \quad u \rightarrow a \cdot u+b \qquad \text{(A1: 1)}$$

nie zmieniać kolejności preferencji oczekiwanych mediów. Jeżeli decyzja *D* ma maksymalną oczekiwaną wartość u, to ta sama decyzja *D* ma maksymalną oczekiwaną wartość $au + b$.

Wynika z tego, że pozytywne transformacje liniowe skali pieniężnej

$$a>0 \quad x=a \cdot y+b \qquad \text{(A1: 2)}$$

albo nie zmieniać kolejności preferencji oczekiwanych mediów.

Załóżmy więc, że w danym problemie decyzyjnym minimalny możliwy wynik to y_{min} a maksymalny rezultat to $y_{maks.}$:

$$y_{min} \leqslant y \leqslant$$

y m aks. (A1: 3)

Następnie wybierzmy takie pochodzenie skali pieniężnej, aby minimalny wynik był równy zeru:

$$x=y-y_{min} \quad (A1: 4)$$

Wybierzmy też taką skalę użyteczności, aby użyteczność minimalnego wyniku była równa zeru, a użyteczność maksymalnego wyniku równa była jedności:

$$u(x) = \frac{y-y_{min}}{y_{maks.}-y_{min}} = \frac{x}{x_{maks.}}$$ *narzędzie liniowe*

(A1: 5)

Wykres narzędzia liniowego (A1: 5) jest zilustrowany na rysunku 32 poniżej.

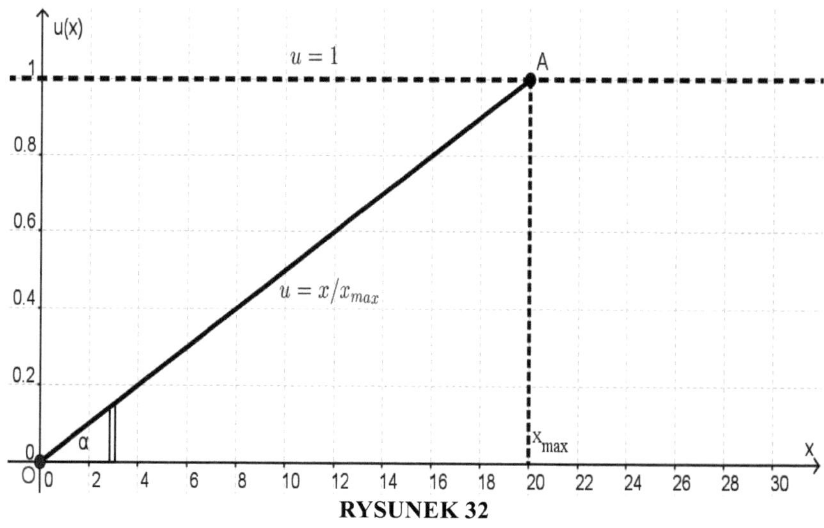

RYSUNEK 32

Funkcja użyteczności liniowej $u=x/x_{maks.}$

Na rysunku 32 powyżej, minimalny możliwy wynik pieniężny odpowiada wartości x=0 i maksymalny wynik do wartości $x = x_{maks.}$. Na rysunku, wartość $x_{maks.} = 20$ został wybrany. Liniowa funkcja użytkowa (A1: 5) została przedstawiona jako segment *OA* .

Tak więc wszystkie preferencje dotyczące oczekiwań monetarnych pozostają takie same, jeśli użyjemy liniowych wykresów użytkowych, jak ten pokazany na rysunku 32 powyżej.

Ponadto, narzędzie (A1: 5) spełnia warunek (5.2): $u(0) = 0$ oraz $u(x_{maks.}) = 1$. W rezultacie, narzędzie to można interpretować jako prawdopodobieństwo (porównaj z (5.7)-(5.8)). Przydatność *u(x)* jest prawdopodobieństwem wygranej w grze typu "utility-fair gamble", w której można stracić wszystkie swoje pieniądze *x* i osiągnąć w wyniku wygranej końcowe aktywa równe $x_{maks.}$.

Na przykład, na rysunku 32 powyżej, $u(12) = 0,6$. Tak więc, gdyby aktywa początkowe wynosiły $x = 12$, wówczas gra byłaby uczciwa monetarna: z prawdopodobieństwem $p = 0,6$ *wygrywa* się $20 - 12 = 8$ jednostek, a z prawdopodobieństwem $1 - p = 0,4$ traci się *12* jednostek pieniężnych.

Przypuśćmy, że w danej decyzji problem wartości $x_{maks.}$ jest znany. Jest to więc filozoficzne pytanie, czy można korzystać z liniowej użyteczności (A1: 5), czy też należy widzieć ten konkretny problem decyzyjny w szerszym kontekście, a także korzystać z jakiejś wklęsłej funkcji użytkowej. Załóżmy przecież, że $x_{maks.}$ jest maksymalnym bogactwem, jakie można osiągnąć w życiu.

Jeśli jednak nie ma górnej granicy możliwego bogactwa, wówczas użyteczność liniowa (A1: 5) napotyka na przeszkody. Na rysunku 32 powyżej, jeżeli punkt *A* przesuwa się w prawo, to kąt α zmniejsza się. W granicy zmniejsza się on do zera:

$$x_{maks.} \to \infty : \alpha \to 0 \qquad \text{(A1: 6)}$$

A2. Użyteczność przy stałej awersji do ryzyka i sekwencji Zeno

Jeśli *y* jest bogactwem osoby podejmującej decyzję, to funkcje użytkowe, odpowiadające stałej awersji do ryzyka, mogą być przedstawione w następujący sposób:

$$\alpha > 0 \quad u_\alpha(y) = 1 - \frac{1}{\exp(\alpha \cdot y)} \quad \textit{narzędzie o stałym awersja do ryzyka} \qquad \text{(A2: 1)}$$

Jeśli decyzje opierają się na oczekiwanej wartości użytkowej (A2: 1), wówczas pojawia się efekt awersji do ryzyka. Osoba podejmująca decyzję odrzuciłaby uczciwą politykę pieniężną i zażądałaby, na przykład, wyższego prawdopodobieństwa wygranej w warunkach *ceteris paribus*. W takim przypadku wpływ awersji do ryzyka jest mierzony premią za prawdopodobieństwo Δp (dokładna definicja znajduje się w pkt 3.6). Składka z tytułu prawdopodobieństwa jest dodatnia ($\Delta p > 0$) *ze względu na fakt, że* funkcja (A2: 1) jest wklęsła.

W przypadku tej funkcji nie występuje jednak efekt zmniejszenia awersji do ryzyka (A2: 1). Premia za prawdopodobieństwo Δp jest stała i nie zmniejsza się w danym hazardzie, jeżeli początkowe bogactwo decydenta wzrasta (patrz wzór (4.2)).

Jeżeli chcemy zmienić jednostkę pieniężną, to zmienia się wartość parametru funkcji (A2: 1):

$$a>0 \quad y=a \cdot x \qquad \text{(A2: 2)}$$

$$\text{(A2: 3)} \qquad \beta \quad =a \quad \cdot \alpha$$

$$\beta>0 \quad u_\beta(x) = 1-\frac{1}{\exp(\beta \cdot x)} \qquad \text{(A2: 4)}$$

Można wybrać takie przekształcenie (A2: 2), aby nowy parametr β spełniał następujący warunek:

$$\text{(A2: 5)} \qquad \beta \quad =a \quad \cdot \alpha \quad =\ln(2 \quad)$$

W tym przypadku prezentowane jest narzędzie (A2: 4), z wykorzystaniem funkcji zasilania numer dwa:

$$\text{(A2: 6)} \qquad u \quad (x \quad) = 1-\frac{1}{2 \quad x}$$

Dla funkcji użytkowej (A2: 6) obowiązuje następujący warunek:

$$\text{(A2: 7)} \qquad u \quad (1 \quad) = \frac{1}{2}$$

Tak więc, jeśli czyjaś funkcja użytkowa jest (A2: 1), to pozwól ocenić, jak duże aktywa

$y = a$ *sprawiłyby*, że jeden byłby w połowie szczęśliwy. Jeśli wybrać tę wartość a jako nową jednostkę pieniężną, to odpowiadającą jej funkcję użytkową podajemy według wzoru (A2: 6).

Dalej, weźmy pod uwagę tylko dyskretne wartości x :

$$n=0;1;2;3;\ldots \qquad u(n) = 1-\frac{1}{2^n} \qquad \textit{Sekwencja Zeno} \qquad (A2{:}\ 8)$$

Wartości u in (A2: 8) składają się na sekwencję Zeno:

$$\left\{0;\frac{1}{2};\frac{3}{4};\frac{7}{8};\ldots\right\} \qquad \textit{Sekwencja Zeno} \qquad (A2{:}\ 9)$$

Należy pamiętać, że przy każdym następnym kroku przestawienie *(1 - u)* jest dwa razy mniejsze niż przy poprzednim:

$$1-u(n+1)=\frac{1-u(n)}{2} \qquad (A2{:}\ 10)$$

Funkcja ta sprawia, że szczególnie łatwo jest skonstruować wykres sekwencji dyskretnej (A2: 8). W pierwszym kroku dyspozycyjność jest równa *1/2* , w następnym kroku dyspozycyjność jest dwa razy mniejsza i równa *1/4* , *itd.* Zawsze, gdy ktoś zarabia dodatkową jednostkę pieniężną, jego dyspozycyjność staje się dwa razy mniejsza.[37]

Dyskretne przybliżenie (A2: 8) narzędzia (A2: 6) jest przedstawione na Rysunku 33 poniżej.

---

37 Sekwencja (A2: 9) odpowiada paradoksowi Zeno "Dychotomia". Zeno z Elea, grecki filozof (*ok.* 490-430 p.n.e.), użył tej sekwencji, by twierdzić, że nie da się przejść z punktu *A* do punktu *B*. Najpierw trzeba pokonać połowę odległości pomiędzy *A* i *B*, potem połowę pozostałej połowy, *itd.* Tak więc, nigdy nie osiągniemy punktu *B*. Dla paradoksów Zeno, patrz *np.* łosoś 2001. "Dychotomia" jest przykładem tego, co nazywamy *niezdecydowanymi grami*. Tak więc, argumentowaliśmy, że pojęcie granicy nie jest rozwiązaniem dla niektórych wersji paradoksu Zeno. Więcej informacji na ten temat oraz dalsze odniesienia do naszych odpowiednich badań można znaleźć w Eintalu 2009.

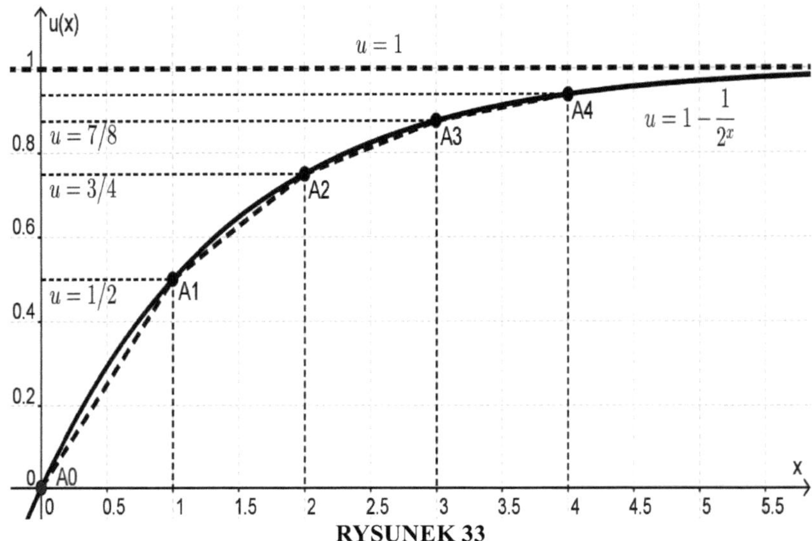

RYSUNEK 33

Funkcja użytkowa o stałej awersji do ryzyka aproksymowana przez sekwencję Zeno

Na Rysunku 33 powyżej, funkcja użytkowa (A2: 6) jest przybliżona, za pomocą sekwencji (A2: 8). Przy każdym kolejnym kroku w sekwencji dyskretnej *x = 0; 1; 2; 3; 4;* ... pozostała wartość *(1 - u)* jest dzielona na dwie części. Wynikiem jest sekwencja segmentów *A0-A1-A2-A3-A4-* ... .

A3. Przybliżenie funkcji u = x/(x + 1)

Załóżmy, że czyjaś funkcja użytkowa jest w formie

$$b>0 \quad u_b(y) = \frac{y}{y+b} \qquad \text{(A3: 1)}$$

Funkcja (A3: 1) jest wklęsła. W związku z tym pojawia się efekt awersji do ryzyka. Jednakże premia za prawdopodobieństwo Δp zmniejsza się w *y* i spada do zera. Tak więc, bogatszy jest, niż mniejszy jest opór wobec tego samego uczciwego zakładu pieniężnego. Jeśli chodzi o pieniężną uczciwą grę z danym prawdopodobieństwem wygranej i danym zakładem, to wystarczająco bogaty gracz praktycznie podążałby za pieniężnymi oczekiwaniami. Jest to zgodne z pierwotnym założeniem Daniela Bernoullego.

Funkcja użytkowa (A3: 1) posiada następującą funkcję:

$$u_b(b) = \frac{1}{2} \qquad \text{(A3: 2)}$$

Tak więc, jeśli czyjaś funkcja użytkowa jest (A3: 1), to pozwól ocenić, jak duże aktywa $y = b$ *uczyniłyby* jedną połowę szczęścia. Jeśli wybrać tę wartość b jako nową jednostkę pieniężną, to odpowiadającą jej funkcję użytkową podajemy za pomocą następującego wzoru:

$$u(x) = \frac{x}{x+1} \qquad \text{(A3: 3)}$$

Dalej, weźmy pod uwagę tylko dyskretne wartości x :

$$n=0; 1; 2; 3; \ldots \qquad u(n) = \frac{n}{n+1} \qquad \text{(A3: 4)}$$

Wartości u z (A3: 4) składają się na ciąg stosunków dwóch kolejnych nieujemnych liczb całkowitych:

$$\left\{\frac{0}{1}; \frac{1}{2}; \frac{2}{3}; \frac{3}{4}; \frac{4}{5}; \frac{5}{6}. \ldots\right\} \qquad \text{(A3: 5)}$$

Dyskretne przybliżenie (A3: 4) narzędzia (A3: 3) przedstawiono na rysunku 34 poniżej.

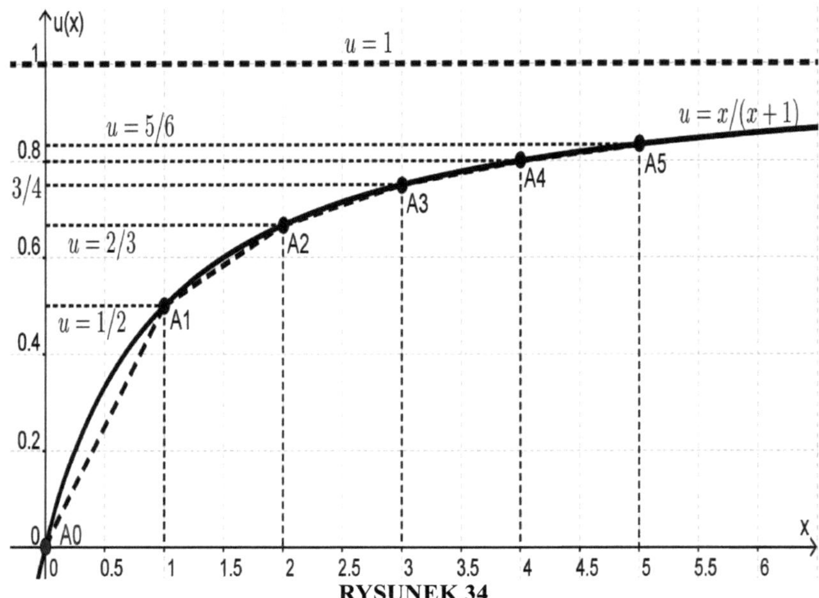

RYSUNEK 34

Dyskretne przybliżenie funkcji użytkowej u = x/(x + 1)

Na Rysunku 34 powyżej, funkcja użytkowa (A3: 3) jest przybliżona, przy użyciu sekwencji (A3: 4). Wynikiem jest sekwencja segmentów *A0-A1-A2-A3-A4-A5* … .

W razie potrzeby można dodać punkt (0,5; 0,33) odpowiadający relacji

$$u\left(\frac{1}{2}\right) = \frac{1}{3} \qquad \text{(A3: 6)}$$

A4. Zawsze brakuje jednego centa

Funkcja użytkowa (A3: 3) posiada następującą niesamowitą funkcję.

Załóżmy, że czyjeś początkowe bogactwo jest równe x_0 . Wtedy użyteczność tego bogactwa jest

$$u(x_0) = \frac{x_0}{x_0 + 1} \qquad \text{(A4: 1)}$$

Teraz jednak załóżmy, że maksymalne bogactwo, jakie można uzyskać w wyniku tej sytuacji, jest dokładnie o jedną jednostkę większe:

$$x_{mSiekiera} = x_0 + 1 \qquad \text{(A4: 2)}$$

Załóżmy też, że zamiast narzędzia (A3: 3), używa się narzędzia liniowego (A1: 5):

$$u_{Lin}(x) = \frac{x}{x_{maks.}} \qquad \text{(A4: 3)}$$

W omawianym przypadku (A4: 2) narzędzia te są jednak równe sobie:

$$u_{Lin}(x_0)=u(x_0) \qquad \text{(A4: 4)}$$

Wyobraźmy sobie teraz osobę, która przypisuje narzędzia, używając funkcji liniowej (A4: 3), ale która zawsze zakłada, że brakuje dokładnie jednej jednostki pieniężnej (albo z końcowego szczęścia, albo z maksymalnej możliwej wartości):

$$\forall x \quad x_{maks.}=x+1 \qquad \text{(A4: 5)}$$

Aby mieć pewność, że taka procedura jest z natury niespójna. Niemniej jednak, w rezultacie uzyskuje się idealnie spójną funkcję użytkową (A3: 3).

W niniejszym opracowaniu nie staramy się badać podstaw filozoficznych osiągania spójnych funkcji użytkowych, wykorzystując jako podstawę niespójny pakiet lokalnych horyzontów granicznych.

W tym przypadku pozostajemy zadowoleni z faktu, że procedura ta, jako algorytm, pozwala na geometryczną interpretację wykresu narzędzia (A3: 3) - jak pokazano na rysunku 35 poniżej.

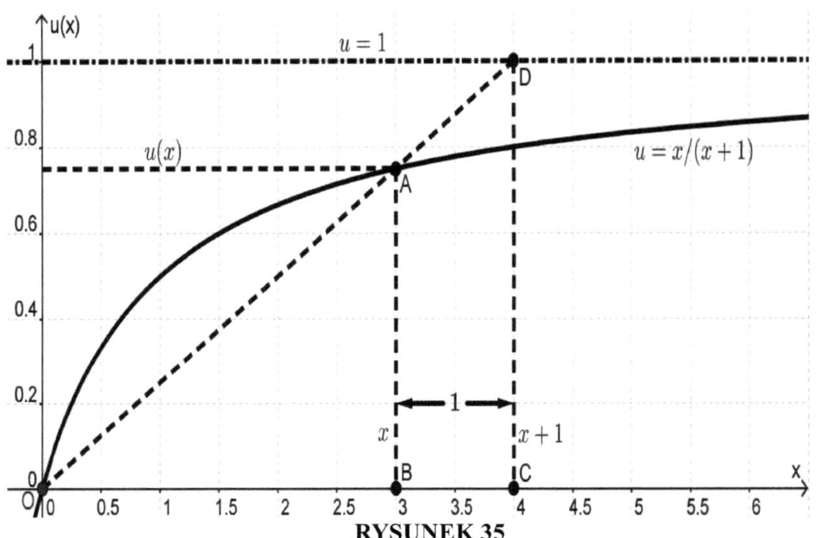

RYSUNEK 35

Konstrukcja funkcji użyteczności publicznej u = x/(x + 1) *jako sekwencja narzędzi liniowych*

Na rysunku 35 powyżej, punkt *A* jest przecięciem odcinków *OD* i *AB* . Punkt *A* pozostaje na wykresie funkcji *u(x) niezależnie od* wartości *x* - czyli niezależnie od położenia punktu *B* na *osi x*.

u(x) = x/(x + 1) = OB/OC = AB/DC = AB .

REFERENCJE

Bernoulli, D. (1738) "Specimen Theoriae Novae de Mensura Sortis" *Commentarii Academiae Scientiarum Imperialis Petropolitanae* 5: 175-92.

Bernoulli, D. (1954) "Exposition of a New Theory on the Measurement of Risk" *Econometrica* 22: 23–36. Pierwszy opublikowany w 1738 roku.

Dirac, P. (1967) *The Principles of Quantum Mechanics.* Oksford: Clarendon Press. Po raz pierwszy opublikowany w 1930 roku.

Eintalu, J. (2009) *Hume's Problem Reconsidered. Założenia problemu indukcji, uogólnione przewidywania Goodmana, względność, niezdecydowane gry.* Saarbrücken: Lambert Academic Publishing.

Friedman, M. & Savage, L. J. (1948) "The Utility Analysis of Choices Involving Risk" The *Journal of Political Economy 4: 279-304.*

Ikefuji, M. , Laeven, R. J. A., Magnus, J. R. & Muris, C. (2012) "Pareto utility" Theory *and Decision* , Open Access, January.

Jensen, N. E. (1967) "An Introduction to Bernoullian Utility Theory: I Utility Functions" *Swedish Journal of Economics* 69: 163-83.

Kahneman, D. & Tversky, A. (1979) "Prospect Theory. Analiza decyzji w warunkach ryzyka". *Econometrica* 2: 263-91.

Mirowski, P. (1999) *Więcej ciepła niż światła. Ekonomia jako fizyka społeczna, fizyka jako ekonomia natury* . Cambridge, UK & New York: Cambridge UP.

Von Neumann (1996) *Matematyczne podstawy mechaniki kwantowej.* Princeton UP. Po raz pierwszy opublikowany w 1932 roku.

Von Neumann, J. & Morgenstern, O. (2004) Theory *of Games and Economic Behavior.* Princeton: Princeton UP. Po raz pierwszy opublikowana w 1944 roku.

Parmigiani, G. & Inoue, L. Y. T. (2009) *Teoria decyzji. Zasady i podejścia.* Chichester: Wiley.

Pratt, J. (1964) "Risk Aversion in the Small and in the Large" *Econometrica* 32: 122-36.

Łosoś, W. C. (red) (2001) *Zeno's Paradoxes.* Indianapolis, Hackett Publishing.

Savage, L. J. (1972) *The Foundations of Statistics.* Nowy Jork: Courier Dover Publications. Po raz pierwszy opublikowana w 1954 roku.

MIX
Papier aus verantwortungsvollen Quellen
Paper from responsible sources
FSC® C105338

Printed by Books on Demand GmbH, Norderstedt / Germany